BIOLOGIE FÜR ALLE

3. KLASSE

Margit Drexler, Helga Grössing, Brigitta Hellerschmidt

Olympe Verlag GmbH
www.olympe.at

Dieses Buch ist laut Bescheid des Bundesministeriums für Unterricht, Kunst und Kultur vom 22. Jänner 2013 (GZ BMUKK-5.000/0029-B/8/2011) gemäß § 14 Abs. 2 und 5 des Schulunterrichtsgesetzes, BGBl. Nr. 472/86 und gemäß den geltenden Lehrplänen als für den Unterrichtsgebrauch in Hauptschulen und an allgemein bildenden höheren Schulen für die 3. Klasse im Unterrichtsgegenstand Biologie und Umweltkunde geeignet erklärt.

Schwierige und neue Wörter sind im Text orange hervorgehoben und werden in der Spalte daneben erklärt.

Wichtige Begriffe sind im Text **dick hervorgehoben**, du siehst also mit einem Blick, was in jedem Kapitel wichtig ist.

Aufgaben und Arbeitsaufträge, die du während des Unterrichts – alleine oder mit der ganzen Klasse – lösen kannst, sind in der seitlichen Spalte angegeben. Eine Lupe zeigt dir an, dass du hier selbst einen Versuch machen sollst.

Am Ende jedes Kapitels findest du in einem kurzen Merktext die wichtigsten Inhalte zusammengefasst. Du kannst also noch einmal wiederholen, was in dem Kapitel vorgekommen ist.

Nun geht's los – Aufgaben für schlaue Köpfe!
Unter diesem Motto findest du an vielen Stellen in diesem Buch Arbeitsblätter, die du ausfüllen kannst. Du wiederholst damit das, was du zuvor gelernt hast. Die Aufgaben sind mit Sternchen gekennzeichnet. Je mehr Sternchen du findest, desto schwieriger ist die Aufgabe. Du kannst diese Arbeitsblätter auch heraustrennen und in deiner Portfolio-Mappe sammeln.

Nach jedem großen Abschnitt dieses Buches haben wir für dich spannende Geschichten zu diesem Bereich, den du zuvor kennen gelernt hast, zusammengestellt. In Form einer Zeitung kannst du nachlesen, was es noch an Interessantem zu erfahren gibt. Willst du noch mehr wissen, dann nutze doch auch unsere Büchervorschläge, die du hier findest.

Umschlagbilder: photos.com / Sebastian Duda
photos.com / Heiko Potthoff
photos.com / Ekaterina Fribus
photos.com / Maksim Shebeko
ANIMATE4.COM / Science Photo Library / picturedesk.com

Schulbuchnummer: 160.318

4. Auflage (2016)

Lektorat: Dr. Christian Monyk, Wien

Umschlaggestaltung, Satz, Layout: Raoul Krischanitz, Wien, transmitterdesign.com
Grafik: Raoul Krischanitz, transmitterdesign.com
Druck, Bindung: Druckerei Berger, Horn

ISBN: 978-3-902779-12-0

INHALTSVERZEICHNIS

ÖKOSYSTEM ACKER – NUTZPFLANZEN

ÖKOSYSTEM HECKE – GARTEN

DOMESTIKATION

ANHANG

1. ENTSTEHUNG DER ERDE

Entstehung des Universums – der Urknall

Wissenschaftler und Wissenschaftlerinnen vermuten, dass das **Universum** vor etwa **16 Milliarden Jahren** in einer gigantischen Explosion entstanden ist, die Urknall genannt wird. Mit dem **Urknall** entstand auch sämtliche **Materie**, die wir heute kennen.

Universum: Weltall

Materie: (Ur)stoff

Wasserstoff: leichtestes Gas

Galaxien bildeten sich

Zunächst bestand die Materie jedoch ausschließlich aus **Wasserstoff**, aus dem sich vor etwa **13 Milliarden Jahren** riesige Gaswolken bildeten.

Galaxie

Diese Gaswolken enthielten genügend Materie, um daraus Milliarden von Sternen zu formen. Aus ihnen entstanden die **Galaxien**. Aus einer dieser Wolken entwickelte sich unsere eigene Galaxie, die **Milchstraße**. In sternklaren Nächten kannst du die Milchstraße als helles Band erkennen, das sich quer über den Himmel erstreckt und das wie eine Straße aus Milch aussieht. Daher leitet sich auch ihr Name ab.

Galaxie: Ansammlung von vielen Sternen

Kernreaktion: Umwandlung eines **Elements** in ein anderes

Element: chemischer Grundstoff

Unser Sonnensystem entstand

In den Gaswolken war die Materie jedoch nicht gleichmäßig verteilt. Durch Anziehungskräfte bildeten sich kleinere Wolken, die immer dichter wurden, bis daraus vor etwa **10 Milliarden Jahren** die ersten **Sterne** entstanden.

Gas- und Staubwolke

Einer dieser Sterne war der Vorläufer unserer Sonne. Durch **Kernreaktionen** in seinem Inneren entstanden aus dem leichten Wasserstoff schwerere Elemente. Dieser Stern explodierte schließlich und schleuderte den verbliebenen Wasserstoff und die im Inneren gebildeten Elemente ins Weltall.

So entstand erneut eine gigantische Wolke, die aber neben Wasserstoff auch Staub enthielt. Vor etwa **5 Milliarden Jahren** zog sich diese Wolke durch die Anziehungskräfte wieder zusammen. Sie begann zu **rotieren** und flachte zu einer Scheibe ab. Im Zentrum dieser Scheibe stiegen die Temperatur und der Druck, bis dort unsere Sonne entstand. Aus dieser Scheibe hat sich unser **Sonnensystem** entwickelt.

Rotierende Gaswolke

rotieren: sich um sich selbst drehen

Rotierende Scheibe aus Gas und Staub

Entstehung unserer Erde

In unmittelbarer Umgebung der Sonne vertrieb die von der Sonne ausgehende Strahlung die leichten Gasbestandteile, sodass nur die schweren Elemente übrig blieben. Durch die Schwerkraft und die Rotation verdichtete sich die Gaswolke an einigen Stellen. Dort entstanden größere Klumpen, aus denen sich vor etwa **4,6 Milliarden Jahren** die **inneren Planeten MERKUR, VENUS, ERDE** und **MARS** bildeten. Weiter entfernt von der Sonne blieb das Gas jedoch erhalten, dort entstanden die großen **Gasplaneten JUPITER, SATURN, URANUS** und **NEPTUN.** Die Planeten behielten die Drehbewegung der ursprünglichen Scheibe bei, sodass sie heute in festen Umlaufbahnen um die Sonne kreisen. Zwischen den inneren Planeten und den Gasplaneten befindet sich der Asteroidengürtel. Dieser besteht aus Millionen von kleineren Gesteinsbrocken, die ebenfalls um die Sonne kreisen.

Protoplanet: Planet im Anfangsstadium

Zunächst entstanden aber **Protoplaneten**, die noch wesentlich kleiner als die heutigen Planeten waren. Auch die Erde war so ein Protoplanet. Durch ihre Schwerkraft und durch Zusammenstöße mit anderen Materieklumpen wurde sie immer schwerer.

Wie entstand das Leben auf der Erde?
Vor 3,5 Milliarden Jahren gab es die ersten einzelligen Lebensformen auf der Erde. Aber erst vor rund einer Milliarde Jahren entstanden Vielzeller.

Anfangs war die Erde ein **riesiger glühender Ball aus flüssigem Gestein**. Nach und nach kühlte die Erdoberfläche immer mehr ab und **feste große Platten aus Gestein** bildeten sich. Im Laufe der Zeit verschmolzen sie miteinander zu immer größeren Platten.

Lava: an die Erdoberfläche getretenes **Magma**

Magma: flüssiges, geschmolzenes Gestein im Erdinneren

Die damals zahlreichen Vulkane brachen immer wieder aus und überzogen die Erdoberfläche mit **flüssiger Lava** und schwefelhaltigem Wasserdampf. Durch das Aneinanderstoßen der Platten falteten sich die ersten Gebirge auf. Nach und nach kühlte die Erdoberfläche ab. Durch die Abkühlung kondensierte der Wasserdampf und die ersten Meere bildeten sich.

Bildung der Erdoberfläche

Das Universum entstand durch den **Urknall**. Im Laufe vieler Milliarden Jahre entwickelten sich **Galaxien** und Sterne wie unsere **Sonne**. Später bildeten sich die Planeten **Merkur**, **Venus**, **Erde**, **Mars**, **Jupiter**, **Saturn**, **Uranus** und **Neptun**. Die Erde entstand vor ca. 4,5 Milliarden Jahren.

2. AUFBAU DER ERDE

Die Erde kann man sich als riesige Kugel vorstellen, die aus **mehreren Schichten** besteht. Im Zentrum liegen der feste innere und der flüssige äußere **Kern**. Am äußeren Kern schließt eine dicke Schicht aus heißem, festem bis **plastischem** Gesteinsmaterial an, der **Erdmantel**.

Auf den Erdmantel folgt die kühle **Erdkruste**. Während diese **unter den Ozeanen** aus der dünnen und schwereren **ozeanischen Kruste** besteht, wird sie **unter den Kontinenten** aus der dickeren und leichteren **kontinentalen Kruste** gebildet.

plastisch: weich, verformbar

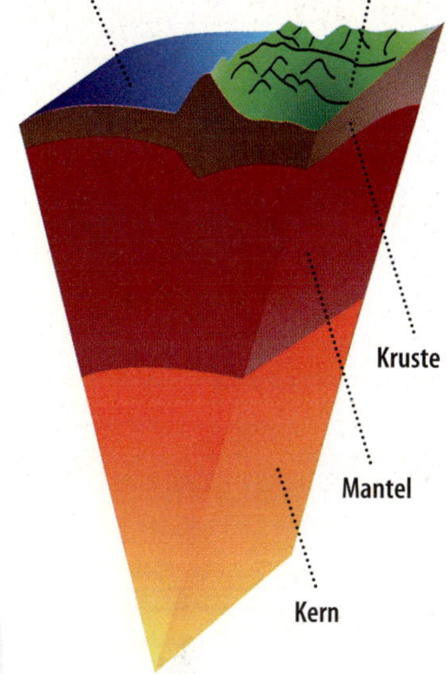

Erdsegment

Erdkern
Er besteht aus dem festen inneren Kern mit einem Durchmesser von ca. 2 400 km und dem flüssigen äußeren Kern mit einer Dicke von etwa 2 200 km. Der innere Kern besteht zu etwa 80 % aus vermutlich festem Eisen und zu 20 % aus Nickel. Er hat eine Temperatur von etwa 7 000 °C. Der äußere Kern besteht zu etwa 88 % aus flüssigem Eisen und zu 12 % aus Schwefel. Hier liegt die Temperatur bei etwa 4 000 °C.

Erdmantel
Er hat eine Dicke von 2 900 km und macht so 2/3 der Erdmasse aus. Unter dem sehr hohen Druck ist sein Hauptbestandteil – der **Peridotit** – trotz der hohen Temperaturen von 1 000 bis 3 500 °C fest bzw. plastisch. Heiße Strömungen wälzen die zähe Gesteinsmasse langsam um. Dies führt zu Vulkanismus und Erdbeben.

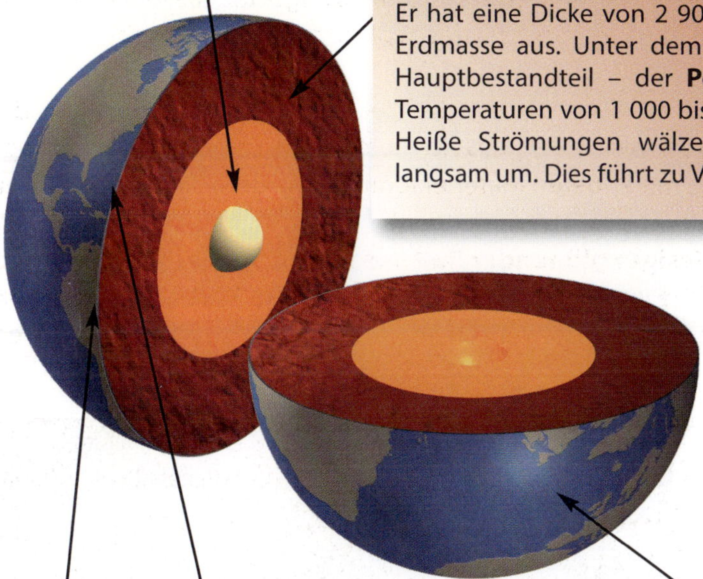

Peridotit ist ein Gemisch aus verschiedenen Mineralien.

Ozeanische Kruste
Die ozeanische Kruste ist nur etwa 8 km dick. Sie wird laufend neu gebildet. Kein Teil des Ozeanbodens ist älter als 200 Millionen Jahre. Neben dem **Basalt** ähnelndem **Gabbro** ist sie aus **Sediment**gestein aufgebaut.

Ozeane und Atmosphäre
Die äußeren, nicht festen Schichten der Erde bestehen aus der Wasserhülle und der Lufthülle. Etwa 20 % des Gasgemisches der Lufthülle ist der durch Fotosynthese erzeugte Sauerstoff.

Kontinentale Kruste
Sie ist wesentlich dicker als die ozeanische Kruste und ist unter Gebirgen bis zu 70 km dick. Sie besteht aus leichten Gesteinen wie **Granit** mit geringerer Dichte.

Berechne den Durchmesser der Erde! Wieviel km beträgt er?

Basalt: Gestein, das durch Abkühlung von dünnflüssigem Magma entstand

Gabbro: ein kompaktes, grobkörniges, aus Magma entstandenes Gestein

Sediment: Ablagerung, Schicht

Granit: aus Magma in der Tiefe entstandenes Gestein mit deutlich sichtbaren Kristallen; von granum, lateinisch: „Korn"

Was ist die Biosphäre?
Als Biosphäre bezeichnet man den Bereich der Erde, in dem Leben vorkommt.

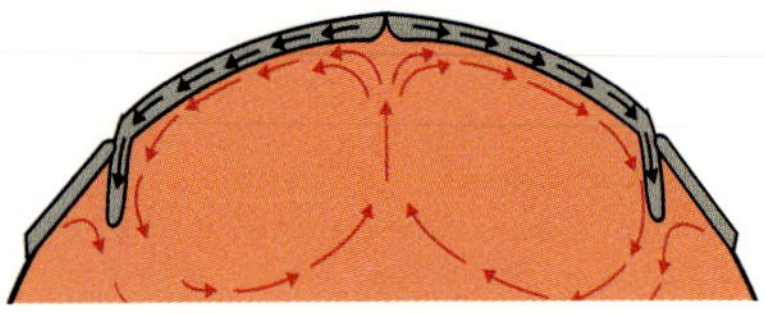

Strömungen im Erdmantel

Stell dir einen Kessel mit heißem Wasser vor! Ähnlich der Zirkulation des Wassers in diesem Kessel zirkuliert auch die heiße innere Erdmasse.

Erdkruste

Die Landmassen auf der Erde, die **Kontinente**, scheinen massiv und unbeweglich. Dennoch bewegen sie sich ständig, wenn auch nur extrem langsam. Diese Bewegung der einzelnen Platten nennt man **Plattentektonik**. Die Platten bestehen aus ozeanischer oder kontinentaler Kruste und der obersten Schicht des Erdmantels.

Die **Bewegung der Erdplatten** wird durch gewaltige Strömungen im Erdmantel verursacht. An manchen Stellen steigt heißeres zähflüssiges Gestein auf, bewegt sich unterhalb der Erdkruste zur Seite, kühlt dabei ab und sinkt schließlich wieder ab. Dabei werden die Platten verschoben.

Mechanismen der Plattentektonik

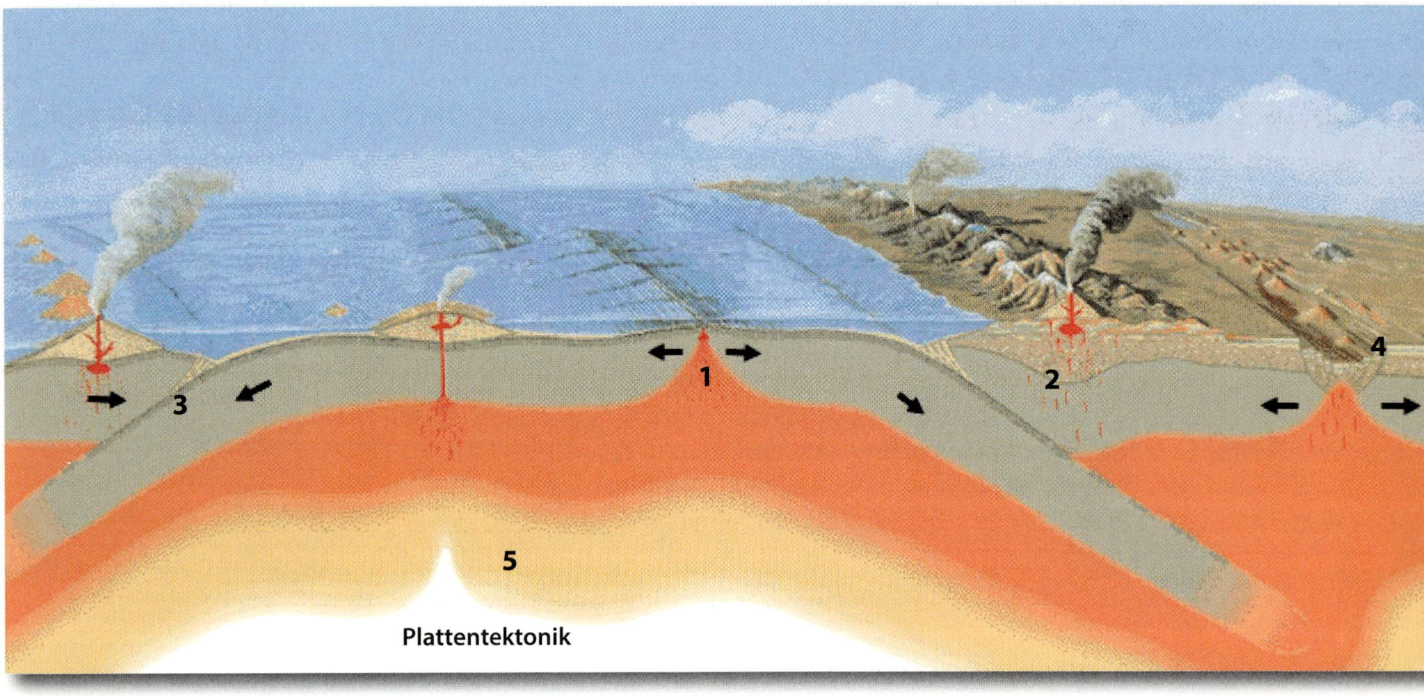

Plattentektonik

1. Aufsteigende heiße Gesteinsmassen schieben die Platten der ozeanischen Kruste auseinander. Das austretende Gestein erstarrt unter Wasser und bildet neuen Meeresboden.

2. Trifft eine Platte auf einen Kontinent, wird sie unter die leichtere kontinentale Platte geschoben und in der Tiefe aufgeschmolzen. Der Kontinent wird am Rand aufgefaltet. Dabei entstehen Gebirge, die mit Vulkanen durchsetzt sind. Am Meeresboden vor der Küste bilden sich Tiefseegräben.

3. Trifft eine Platte der ozeanischen Kruste auf eine andere, wird eine der beiden unter die andere geschoben. Dabei entstehen vulkanische Inselketten. Auch in diesem Fall bilden sich Tiefseegräben.

4. Wenn heiße Gesteinsmassen unter einem Kontinent aufsteigen, kann der Kontinent auseinanderbrechen und ein neuer Ozean entsteht.

5. Mitunter treten heiße Stellen unter einer Platte auf. An solchen „Hot Spots" steigt das heiße Gestein an die Oberfläche und bildet Vulkaninseln.

Die Erde besteht aus dem **Erdkern**, dem **Erdmantel**, der ozeanischen und der kontinentalen **Kruste** und aus der Schicht der Ozeane und Atmosphäre. Die Bewegungen der einzelnen Platten nennt man **Plattentektonik**.

Wenn **zwei Kontinente aufeinandertreffen**, verschmelzen sie miteinander. An ihrer Grenze werden Gebirge aufgefaltet.

Wie entstehen Erdbeben?

Bei der Bewegung der Platten können sich diese verhaken. Dadurch steigt der Druck, bis sie sich ruckartig voneinander lösen. Das Entstehungszentrum in den tieferen Schichten ist der **Erdbebenherd**. An der Erdoberfläche liegt das **Epizentrum** des Bebens. Von dort breiten sich die Erschütterungen in Wellen aus. Etwa 90 % der Beben entstehen so. Sie können aber auch durch einstürzende Hohlräume, Vulkanausbrüche oder Explosionen hervorgerufen werden.

Nun geht's los – Aufgaben für schlaue Köpfe!

1) Bei der E-Mail-Übertragung dieses geologischen Berichtes über „Schwarze Raucher" ist leider etwas schiefgegangen. **Versuche, diesen Text trotzdem zu lesen! Wenn du das geschafft hast, beantworte die Fragen zum Bericht! ★★★**

Entlang der nekcüR nehcsinaezolettim, also dort, wo heiße nessamsnietseG aus dem Erdinneren aufsteigen, findet man mitunter rehcuaR ezrawhcS. Diese sind heiße nelleuQ am Grund der Tiefsee. Das hier austretende Wasser ist bis zu 400 °C heiß, aber durch den hohen kcurdressaW bleibt es flüssig und bildet keine Dampfbläschen. Im heißen Wasser sind zahlreiche effotslareniM enthalten. Durch die rasche gnulhükbA von 400 °C auf 2 °C fallen diese Mineralstoffe aus und bilden rauchförmige nekloW, die den Quellen den Namen gegeben haben. Schwarze Raucher lassen ein einzigartiges potoiB entstehen. Hier gibt es nesewebeL, die sonst nirgends auf der Erde existieren können. Die hier lebenden netnezudorP beziehen die Energie nicht durch esehtnysotoF von der Sonne, sondern durch Umwandlung von negnudnibrevlefewhcS, die im Wasser des Schwarzen Rauchers gelöst sind. Aber auch größere ereiT kommen hier vor. So leben rund um diese Quellen nebbarK ohne Augen, Würmer, Muscheln und enretseeS. All diese Tiere besitzen kein metsyssgnuuadreV, da sie ihre Nährstoffe direkt von neiretkaB erhalten, mit denen sie in esoibmyS leben. Schwarze Raucher sind nur etwa 20 Jahre lang aktiv, dann verstopfen die abgelagerten Mineralstoffe die gnunffÖ und die Lebewesen in der gnubegmU sterben ab. Bis heute ist nicht geklärt, wie die Lebewesen zu neu entstandenen heißen Quellen gelangen.

Wo treten Schwarze Raucher auf? entlang ______________________ Rücken

Was wandeln die Produzenten zur Energieerzeugung um? ______________________

Was besitzen die hier lebenden Tiere nicht? ein ______________________

Wie lange sind Schwarze Raucher aktiv? etwa ______________ Jahre

2) **Ordne die Ereignisse auf dieser Treppe den Zeitangaben richtig zu! Male dazu die zusammengehörigen Paare immer in einer Farbe an!**

Es gibt die ersten Einzeller auf der Erde.

Urknall – das Universum entsteht.

Kleinere Gaswolken verdichten sich zu Sternen.

Es gibt die ersten Vielzeller auf der Erde.

vor 1 Milliarde Jahren

vor 3,5 Milliarden Jahren

vor 4,6 Milliarden Jahren

vor 5 Milliarden Jahren

vor 10 Milliarden Jahren

vor 13 Milliarden Jahren

vor 16 Milliarden Jahren

Die riesige Wolke beginnt zu rotieren und flacht zu einer Scheibe ab.

Aus größeren Klumpen bilden sich Merkur, Venus, Erde und Mars.

Aus riesigen Gaswolken entstehen Galaxien.

Nun geht's los – Aufgaben für schlaue Köpfe!

3) **Hier fehlt ja einiges -** Vervollständige diese Tabelle, indem du entweder die fehlende Schicht oder in Stichworten die Informationen über eine Schicht der Erde dazuschreibst! Male auch bei jedem Kästchen die entsprechende Schicht der Erde folgendermaßen an: ★★★★

Erdkern | Erdmantel | Ozeanische Kruste | Kontinentale Kruste | Ozeane und Atmosphäre

	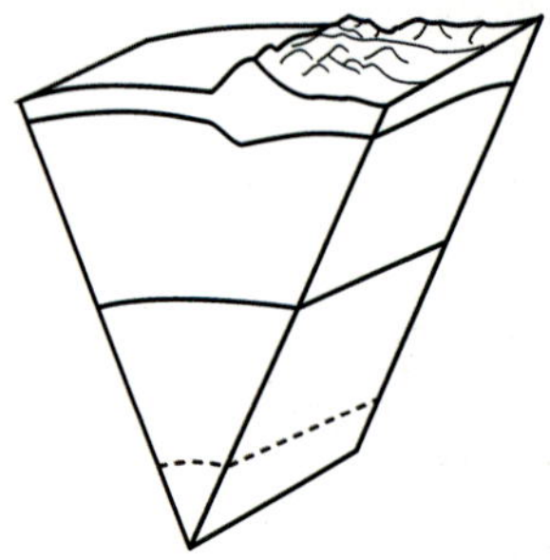	besteht aus dem festen inneren Kern (Durchmesser: 2400 km) und dem flüssigen äußeren Kern (Dicke: 2200 km); Temperatur von 7000 °C
Erdmantel	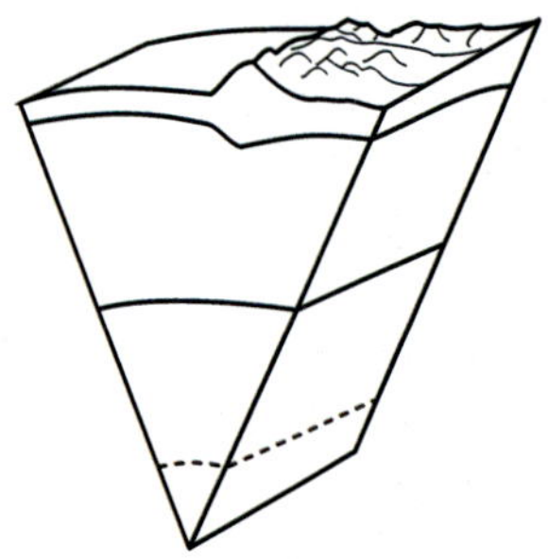	
Ozeanische Kruste	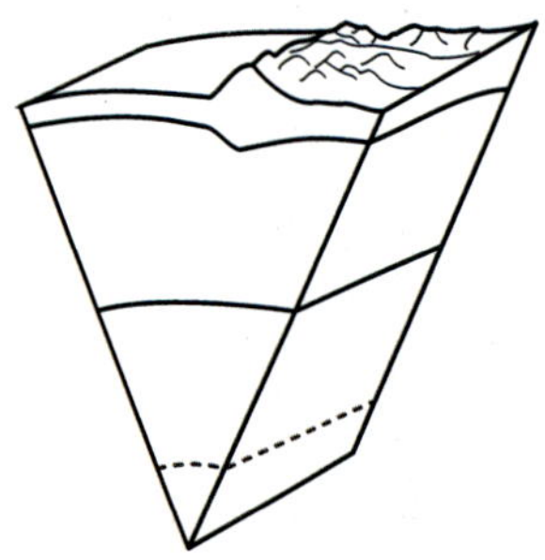	
	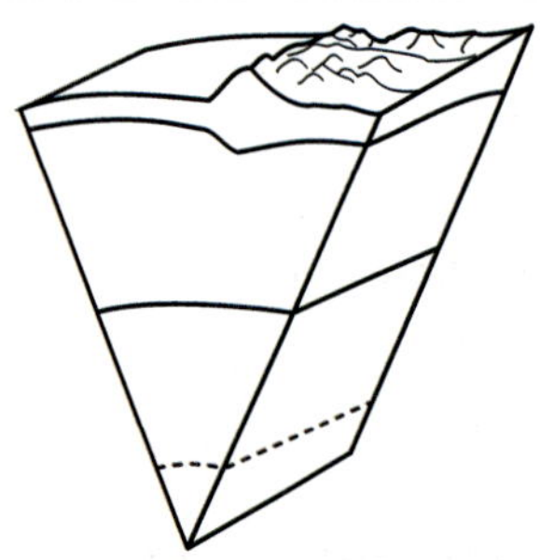	ist wesentlich dicker als die ozeanische Kruste; erreicht unter Gebirgen bis zu 70 km; besteht aus leichten Gesteinen wie etwa Granit
Ozeane und Atmosphäre	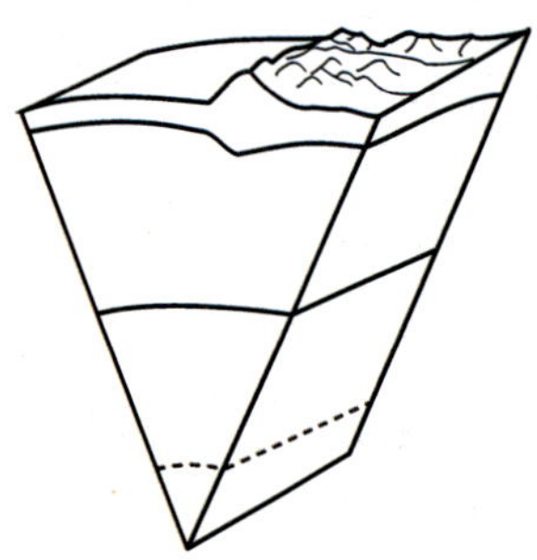	

3. FOSSILIEN

Leben auf der Erde gibt es **seit etwa 3,5 Milliarden Jahren**. Erst ab diesem Zeitpunkt waren die Bedingungen für das Entstehen von Leben gegeben. Spuren des frühen Lebens, die bis heute in Gesteinen erhalten sind, nennt man **Fossilien**. Sie sind Reste von Lebewesen, die vor dem Ende der letzten Eiszeit gelebt haben und somit älter als ca. 11 000 Jahre sind.

Ammonit

Überlege, wo es in deinem Wohnbezirk oder in deiner näheren Umgebung eine Fossilienfundstelle gibt!

Ammoniten: gab es bereits vor 500 Mio. Jahren; starben vor 65 Mio. Jahren aus; lebten im Wasser; sind mit den heutigen Tintenfischen verwandt

Wie Fossilien entstehen

1

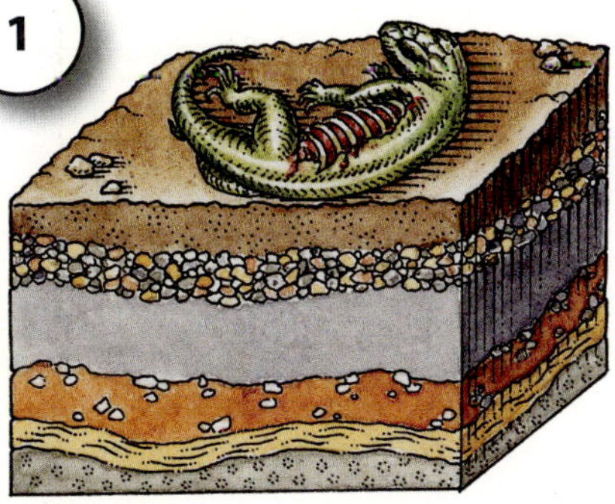

Der verwesende Kadaver des Procolophon, einer Dinosaurierart, liegt auf der Erdoberfläche.

2

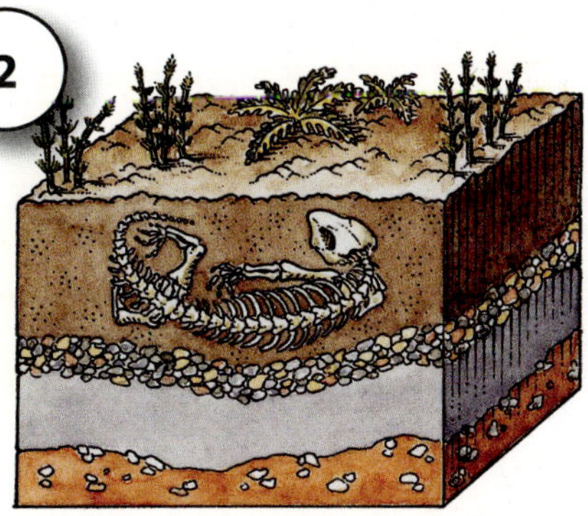

Der Kadaver wird im flachen Wasser mit Schlamm bedeckt. Das passiert so schnell, dass das Skelett nicht zerstört wird.

3

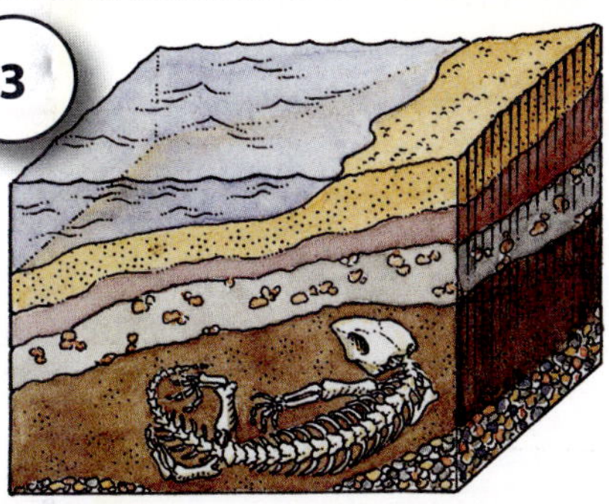

Viele Millionen Jahre bleibt das Skelett in der Tiefe von fest gewordenem Schlamm oder Sand bedeckt und gelangt immer tiefer in den Boden.

4

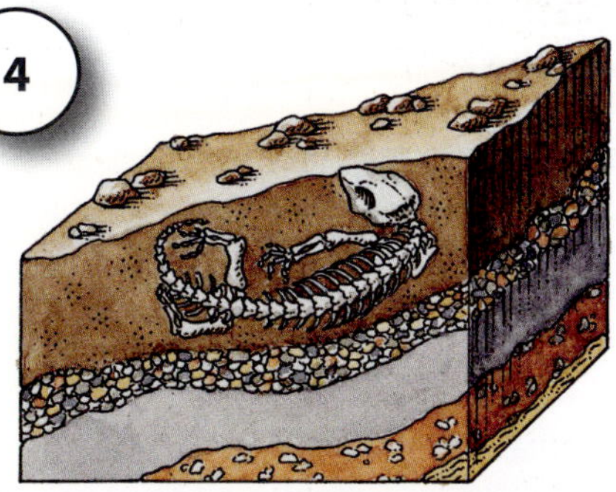

Unter Druck wird der Sand zu Stein. Chemische Prozesse wandeln die Knochensubstanz um und lassen aus dem Skelett des Procolophon ein Fossil entstehen.

Was ist die Paläontologie?
Sie ist die Wissenschaft, die sich mit den Lebewesen vergangener Erdperioden beschäftigt.
Der Paläontologe oder die Paläontologin untersucht die Reste von Organismen und Hinweise aller Art auf früheres Leben, also Fossilien.

Kadaver: Tierleiche oder auch Aas

Was erfährst du über die früheren Umweltbedingungen an einem Ort, wenn du das Fossil eines Laubblatts, einer Koralle, einer Muschel oder eines Haifischzahns findest?

rekonstruieren: etwas wiederherstellen oder aufstellen, was es nicht mehr gibt

Fossilien und Evolution

Fossilien geben Auskunft darüber, wie sich Lebewesen im Lauf der Erdgeschichte weiterentwickelt und ihr Aussehen dabei verändert haben. Diesen Vorgang nennt man **Evolution**. Den Verlauf der Evolution können Paläontologen und Paläontologinnen mit Hilfe von Fossilien **rekonstruieren**. Aber es gibt auch einige Entwicklungen, deren Verlauf man noch nicht genau kennt, wie die der Vögel, von denen es kaum Fossilien gibt.

Für die Bestimmung des Alters von Gesteinsschichten sind Leitfossilien sehr wichtig. **Leitfossilien** sind Überreste von Lebewesen, die nur während einer bestimmten Zeit gelebt haben.

Paläontologen/innen bei der Arbeit

Gibt es lebende Fossilien?
Schon lange kannte man die 400 Mio. Jahre alten Fossilien des Quastenflossers. Man hielt diesen Fisch für ausgestorben. Doch 1938 fand man einen lebenden Quastenflosser. Er hatte denselben Körperbau wie die fossilen Funde. Ein anderes lebendes Fossil ist der Nautilus. Er ist fast genauso gebaut wie die Ammoniten, die vor 65 Mio. Jahren gelebt haben.

Quastenflosser

Nautilus

Trilobiten: lebten bereits vor 600 Mio. Jahren; starben vor 245 Mio. Jahren aus; gehörten zu den Gliederfüßern und lebten im Wasser; wurden bis zu 50 cm lang

organisches Material: Stoffe, die von Lebewesen stammen

Spuren des frühen Lebens, die bis heute in Gesteinen erhalten sind, nennt man **Fossilien**. Es handelt sich meist um Versteinerungen. Fossilien sind z. B. als Spurenfossilien, Abdrücke, Steinkerne oder Körperfossilien auffindbar.

Unterschiedliche Fossilien

Von Lebewesen können unterschiedliche Reste oder Spuren als Fossilien erhalten bleiben. Überreste und Spuren müssen rasch von Sand oder Schlamm abgedeckt und somit von der Luft abgeschlossen werden, damit sie versteinern. Das passierte häufig in und an Gewässern.

SPURENFOSSILIEN: Sie sind Hinweise auf Lebewesen, die erhalten geblieben sind. Dazu zählen Fußabdrücke sowie Grab- oder Fraßspuren.

ABDRÜCKE: Häufig sind auch nur Abdrücke der Tiere und Pflanzen im weichen **Sediment** vorhanden. Das Tier selbst muss nicht mehr „da" sein wie z. B. beim Urvogel.

STEINKERN: Mitunter löst sich das Lebewesen selbst auf und hinterlässt einen Hohlraum, der von einer Schale umgeben ist. Nachdem sich der Hohlraum mit Sedimenten aufgefüllt hat, löst sich die Schale auf. Dann verfestigt sich das Sediment und bildet einen Steinkern. Dieser ist ein Innenabdruck des Lebewesens.

Fußabdruck

Urvogel (Archaeopteryx)

Steinkern eines Trilobiten

VERSTEINERUNG: Wird die Schale oder **organisches Material** von Lebewesen wie Knochen oder Holz langsam durch mineralische Umwandlung ersetzt, spricht man von **Versteinerung**. So wurde in verkieseltem Eichenholz das Holzgewebe durch Kieselsäure ersetzt. Die Jahresringe sind noch deutlich erkennbar.

KÖRPERFOSSILIEN: Sie werden sehr selten gefunden. In so einem Fall ist der Körper des Lebewesens erhalten geblieben, wie etwa bei einem gefrorenen Mammut. Auch die Lebewesen, die in Harz konserviert wurden, sind Körperfossilien. Fossiles Harz nennt man **Bernstein**.

Verkieseltes Eichenholz

Körperfossil eines Mammuts

Nun geht's los – Aufgaben für schlaue Köpfe!

1) **Was für ein Durcheinander** – Ordne diese Schritte bei der Entstehung von Fossilien, indem du der Reihe nach nummerierst! ★

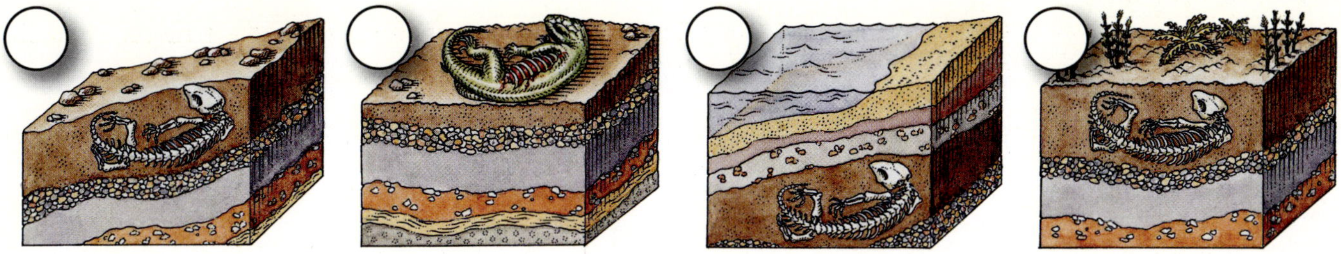

2) Beschreibe nun den Verlauf mit eigenen Worten! ★★★★

1. ______________________________

____

2. ______________________________

____

3. ______________________________

____

4. ______________________________

____

3) Löse dieses Fossilien-Rätsel! ★★

waagrecht:
3. Fossil, bei dem der Körper eines Lebewesens erhalten geblieben ist
4. Überreste von Lebewesen, die während einer bestimmten Zeit in weiten Gebieten stark vertreten waren
6. Wissenschaft, die sich mit den Lebewesen vergangener Erdperioden beschäftigt
7. Tierleiche oder Aas

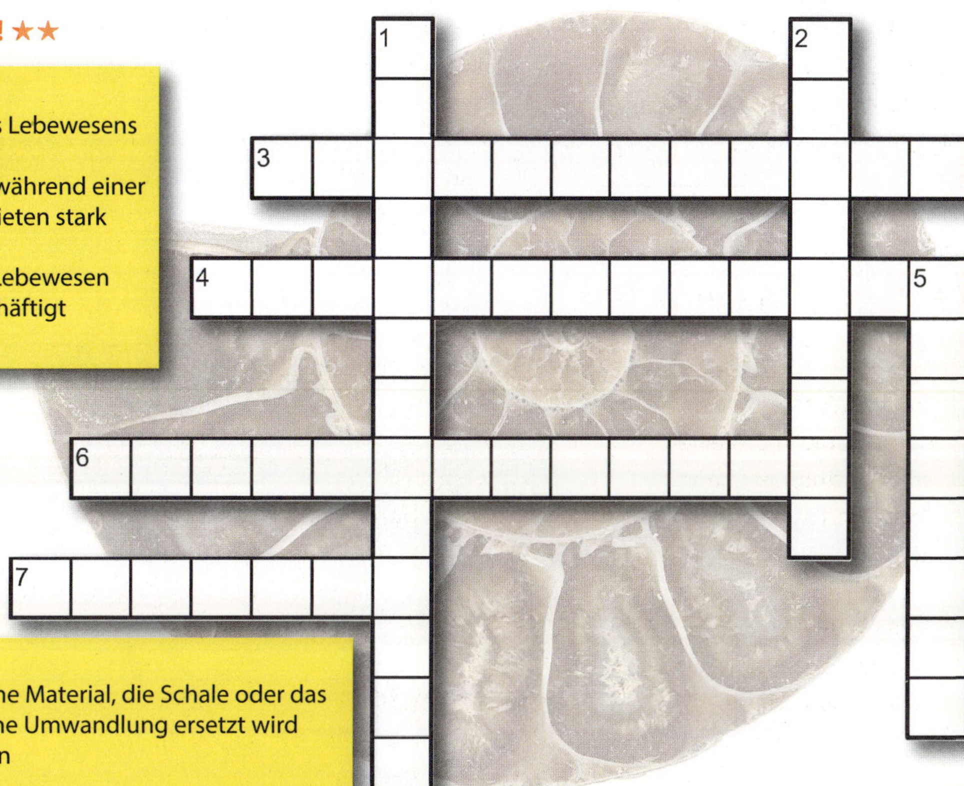

senkrecht:
1. Vorgang, bei dem das organische Material, die Schale oder das Holz langsam durch mineralische Umwandlung ersetzt wird
2. Spuren von früheren Lebewesen
5. ein lebendes Fossil

Nun geht's los – Aufgaben für schlaue Köpfe!

4) **Kannst du dich erinnern?** Ordne zuerst die Buchstaben und schreibe dann die Namen richtig auf! Zum Schluss setze die passende Zahl (Foto) in das richtige Feld ein! ★★

Abcdekrü ______________________

eeeginnrrstuV ______________________

eefiiKlnoöprrss ______________________

eefiilnnoprSssu ______________________

eeiknnrSt ______________________

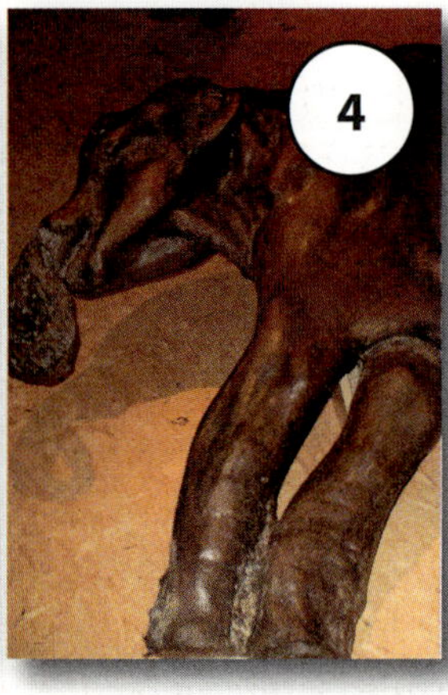

5) **Hier spiegelt es!** Versuche zuerst, den Text zu lesen! Erst wenn du das geschafft hast, kannst du auch die Fragen dazu beantworten. ★★★

Lebende Fossilien!

Enge Verwandte des Quastenflosser sind die Lungenfische. Sie haben sowohl Kiemen als auch Lungen, mit denen sie über Wasser atmen können. Es gab sie bereits vor 400 Millionen Jahren. Fossilien dieser Fische kannte man schon vor etwa 200 Jahren, lebende Exemplare fand man erstmals 1836.

Wer ist eng mit dem Quastenflosser verwandt?

____

Welche Atmungsorgane haben sie?

__________ *und* __________

Seit wann gibt es diese Tiere?

seit ______________________ *Jahren*

Wann wurde ein lebendes Exemplar gefunden?

____

4. EINTEILUNG DER ERDGESCHICHTE

Die Erde ist, wie du nun gelernt hast, vor etwa 4,6 Milliarden Jahren entstanden. Seitdem hat sie sich immer wieder verändert. Die Entwicklung der Erde erfolgte aber nicht gleichmäßig. Mehrmals gab es auf der Erde Ereignisse mit schwerwiegenden Folgen. Die Lebensbedingungen änderten sich in kurzer Zeit, sodass zahlreiche Tier- und Pflanzengruppen ausstarben. Aufgrund dieser Ereignisse entstanden auch unterschiedliche Gesteinsschichten.

Geologen und Geologinnen teilen die Entwicklung der Erde daher in mehrere Abschnitte ein. Diese Abschnitte richten sich meist nach den Ereignissen auf der Erde, die an den Gesteinsschichten abgelesen werden können. Man unterscheidet vier **Äonen**, die jeweils in mehrere **Ären** und **Perioden** unterteilt werden.

Wie alles begann

Zunächst war die Erde ein **heißer Feuerball**. Leben auf der Erde war erst möglich, als diese so weit abgekühlt war, dass sich eine **feste Erdkruste** und die **Urmeere** bilden konnten. In den Meeren waren viele unterschiedliche chemische Stoffe wie Stickstoff-, Schwefel- und Phosphorverbindungen gelöst.

ÄON	Ära (Erdzeitalter)	Periode	*Entwicklung des Lebens*	*vor Mio. Jahren*
PHANEROZOIKUM	Känozoikum Erdneuzeit	Quartär	Auftreten des Menschen, eiszeitliche Tier- und Pflanzenwelt	0
		Neogen	Ausbreitung der Vögel und Säugetiere, erste Hominiden	2,6
		Paläogen		
	Mesozoikum Erdmittelalter	Kreide	bedecktsamige Blütenpflanzen, letzte Dinosaurier	65
		Jura	erste Vögel	145
		Trias	Dinosaurier, erste Säugetiere	200
	Paläozoikum Erdaltertum	Perm	Reptilien breiten sich aus	251
		Karbon	Amphibien breiten sich aus, geflügelte Insekten	299
		Devon	Insekten und Wirbeltiere an Land, Bärlappe und Schachtelhalme	359
		Silur	erste Landpflanzen, Gliederfüßer besiedeln das Land	416
		Ordovizium	Weichtiere, erste Wirbeltiere (kieferlose Fische)	444
		Kambrium	Schwämme, Vorformen der Weichtiere, Trilobiten	488
„PRÄKAMBRIUM" „ERDURZEIT"	PROTEROZOIKUM		erste vielzellige Lebewesen	542
	ARCHAIKUM		Entstehung des Lebens, erste einzellige Lebewesen	2 500
	HADAIKUM		noch kein Leben	4 000

Abschnitte der Erdgeschichte

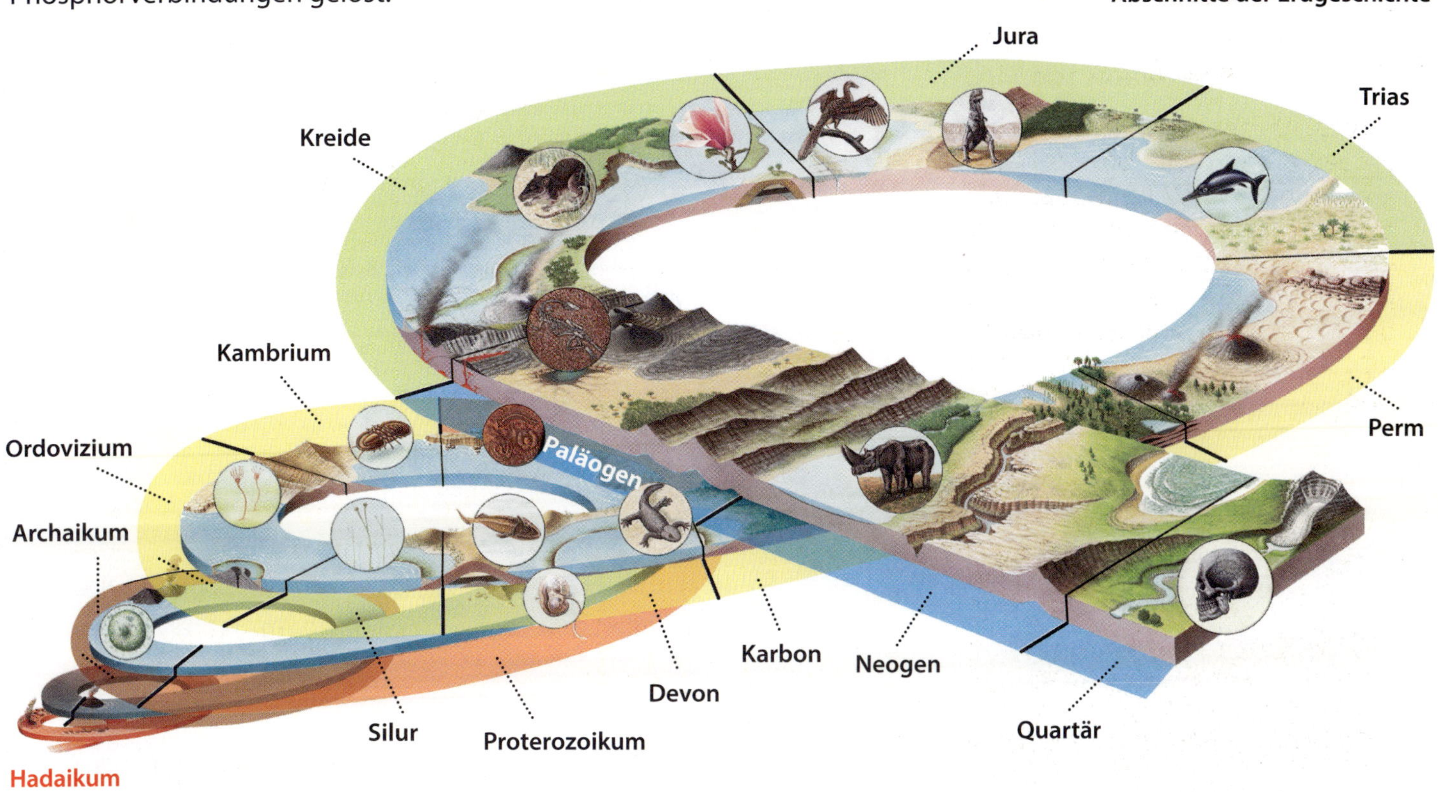

Erdzeitspirale

5. ERDURZEIT – DAS PRÄKAMBRIUM

Woher kam der Sauerstoff?
Zunächst gab es keinen freien Sauerstoff auf der Erde. Im Meer jedoch entstanden Lebensformen, die Fotosynthese betrieben und dabei auch Sauerstoff erzeugten. Vorerst blieb dieser Sauerstoff im Meer. Erst als das Meerwasser keinen weiteren Sauerstoff mehr aufnehmen konnte, reicherte sich der Sauerstoff in der Atmosphäre an. Dort reagierte er zunächst sehr heftig mit anderen Gasen der Atmosphäre und mit Stoffen an der Erdoberfläche. Vor ca. 750 Mio. Jahren war der Sauerstoffgehalt so hoch, dass sich durch die Sonneneinstrahlung aus dem Sauerstoff in der oberen Atmosphäre eine schützende Ozonschicht bilden konnte. Sie filtert einen Großteil der gefährlichen UV-Strahlung. Erst dadurch konnte auch das Land besiedelt werden.

Die ersten 3 Äonen werden häufig zusammengefasst und als „Erdurzeit“ oder **„Präkambrium“** bezeichnet. Aus dieser sehr weit zurückliegenden Zeit sind kaum Gesteine erhalten geblieben, da sie durch geologische Prozesse umgeformt worden sind. Die 3 Äonen des Präkambriums sind das **Hadaikum**, in dem es noch kein Leben auf der Erde gab, das **Archaikum**, in dem die ersten Lebensformen wie Einzeller und Algen entstanden sind, und das **Proterozoikum**, die Zeit, in der erste mehrzellige Lebensformen auftraten.

Äon	Ära	Beginn vor Mio. Jahren
Phanerozoikum	Erdneuzeit/Känozoikum	
	Erdmittelalter/Mesozoikum	
	Erdaltertum/Paläozoikum	
Erdurzeit/Präkambrium	Proterozoikum	2 500
	Archaikum	4 000
	Hadaikum	4 600

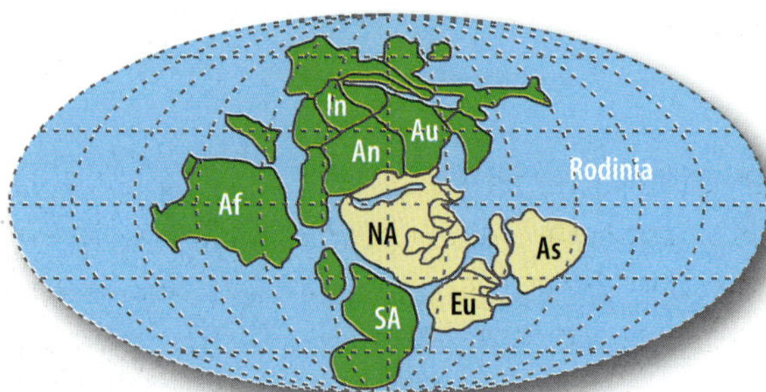

Erde in der Erdurzeit: **Vermutlich hat die Erde in der Erdurzeit so ausgesehen, wie es in dieser Abbildung zu sehen ist. Die Landmassen, aus denen sich später die heutigen Kontinente gebildet haben, hingen zusammen und formten einen einzigen Kontinent, der Rodinia genannt wird.**

Zu Beginn der Erdurzeit enthielt die Erdatmosphäre noch **keinen Sauerstoff**. Daher hatte die Erde auch noch keine schützende Ozonschicht. Energiereiche UV-Strahlung konnten so ungehindert die Meere erreichen. Vermutlich bewirkte die UV-Strahlung gemeinsam mit der Energie, die durch zahllose Blitze erzeugt wurde, dass in den Urmeeren **organische Verbindungen** gebildet wurden.

organische Verbindungen:
Verbindungen mit einem Gerüst aus Kohlenstoffatomen; sind Bestandteil aller Zellen

Leben auf der Erde entsteht

Fossilien geben keine Auskunft darüber, wie Leben auf der Erde entstanden ist, da die ersten Lebensformen nicht erhalten sind. Stanley Miller, ein amerikanischer Biologe und Chemiker, versuchte aber 1953, der **Entstehung des Lebens** mit einem Experiment auf die Spur zu kommen:

In einer Versuchsapparatur bildete Stanley Miller die Uratmosphäre der Erde nach. Er verwendete dazu ein Gasgemisch bestehend aus Methan, Ammoniak, Wasserstoff, Wasserdampf und Kohlenstoffmonoxid.
Unter dem Einfluss elektrischer Entladungen (elektrischer Funken), die Blitze simulierten, entstanden aus dem Gasgemisch der Uratmosphäre **Aminosäuren**. Aminosäuren sind Bausteine von Eiweißmolekülen, den **Werkzeugen des Lebens**.

Es ist nicht genau bekannt, seit wann es Leben auf der Erde gibt. Man hat allerdings **Spuren von Bakterien** gefunden, die etwa 3,5 Milliarden Jahre alt sind. Im Proterozoikum entstanden bereits **mehrzellige Lebewesen**. Gegen Ende der Erdurzeit bildeten sich dann Vorformen der meisten heute noch existierenden Tiergruppen. Allerdings kennt man auch Fossilien von Gruppen von Lebewesen, die sich schwer oder gar nicht in die heute bekannten Baupläne von Lebewesen einordnen lassen. Diese Tiergruppen sind im Laufe der Zeit ausgestorben.

Die Zeit bis vor 542 Millionen Jahren nennt man **Erdurzeit**. Im **Archaikum** entstanden die **ersten Einzeller**, im **Proterozoikum** traten erste **mehrzellige Lebensformen** auf. Fossile Bakterien geben Auskunft über das Leben dieser Zeit.

6. ERDALTERTUM – DAS PALÄOZOIKUM

Das Erdalterum, auch Paläozoikum genannt, wird in sechs Perioden eingeteilt.

Äon	Ära		Periode	Beginn vor Mio. Jahren
Phanerozoikum	Erdneuzeit/Känozoikum			
	Erdmittelalter/Mesozoikum			
	Paläozoikum	Erdaltertum	Perm	299
			Karbon	359
			Devon	416
			Silur	444
			Ordovizium	488
			Kambrium	542
Erdurzeit/Präkambrium				

1. Periode – das Kambrium

Im **Kambrium** entwickelte sich eine große Vielfalt an Lebewesen. Am Meeresboden siedelten sich viele Tiere an, die noch keine feste Körperstütze hatten wie Schwämme oder Vorformen der Weichtiere. Zu dieser Zeit lebten aber auch viele Lebewesen mit harten Körperteilen (z. B. Schalen), von denen viele als Fossilien erhalten geblieben sind. Ein wichtiges Leitfossil des Kambriums ist der **Trilobit**, den du im Kapitel über Fossilien kennengelernt hast.

Es war zudem die Zeit, in der die ersten **Riffe** entstanden, die hauptsächlich von Schwämmen gebildet wurden. Während des gesamten Kambriums kam es immer wieder zu **Massenaussterben**.

Lebewesen im Kambrium
(1 Trilobit, 2. Weichtiere, 3. Nesseltiere)

2. Periode – das Ordovizium

Im **Ordovizium** gab es eine große Vielfalt an Lebewesen, besonders an Weichtieren. Zu dieser Zeit lebten unter anderem die Vorfahren des **Nautilus**. Außerdem traten die ersten Schnecken, Seeigel und Seesterne auf sowie die ersten Wirbeltiere wie kieferlose Fische.

Korallen bildeten mit den Schwämmen zusammen große Riffgemeinschaften. Sowohl zu Beginn als auch am Ende des Ordoviziums gab es Massenaussterben.

3. Periode – das Silur

Erst im **Silur** besiedelten die ersten Pflanzen das Land. Diese waren viel einfacher gebaut als heutige Pflanzen. Sie sind die Vorfahren der heutigen Farne und Bärlappgewächse. Von den Ufern der Meere und Flüsse ausgehend bildeten sie niedrige Wälder, die sich zu riesigen **Sumpfwäldern** entwickelten. Diese erzeugten Nahrung und Sauerstoff für die Tiere, die das Festland zu erobern begannen. Die **ersten Landtiere** waren Tausendfüßer, Skorpione, Milben und Spinnen.

In den Meeren lebten unter anderem die ersten **gepanzerten Kieferfische** und später auch **Knochenfische** sowie die zu den Gliederfüßern zählenden **Schwertschwänze**.

Riff: von Lebewesen gestaltete Struktur im Meer

Massenaussterben: Ein großer Teil der Tier- und Pflanzenarten stirbt in kurzer Zeit aus.

Gepanzerter Kieferfisch

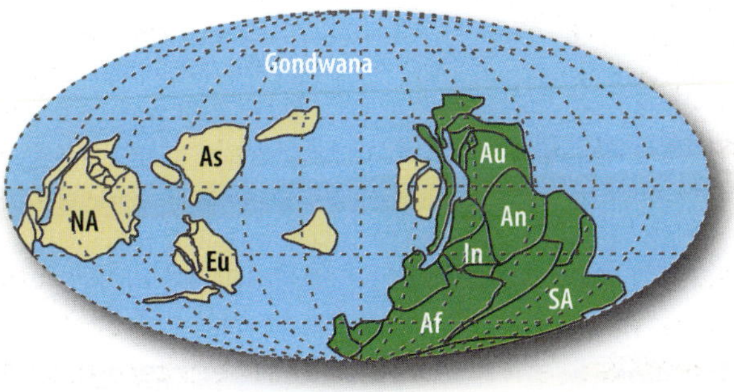

Erde im Erdaltertum: Ein Großteil der Landmassen im Ordovizium war zum Riesenkontinent Gondwana zusammengeschlossen. Westlich davon gab es noch einige kleinere Kontinente.

Nautilus

4. Periode – das Devon

1 Eusthenopteron – Lungenfisch
2 Panderichthys – Verwandter des Quastenflossers
3 Tiktaalik – weist bereits Merkmale von Amphibien auf
4 Acanthostega – gehört bereits zu den Landwirbeltieren
5 Ichthyostega

Aus dem **Devon** kennt man den **Quastenflosser**. Man vermutet, dass sich aus nahen Verwandten des Quastenflossers die ersten Landwirbeltiere, die **Urlurche**, entwickelt haben. Ein Vertreter der Urlurche war der **Ichthyostega**, ein Amphibium, das zeitweise auch an Land leben konnte.

In den Meeren des Devons lebten auch **Ammoniten**, die **Leitfossilien** dieser Zeit. Sie sind Vorfahren der heutigen Tintenfische.

Ichthyostega: Entwicklung vom Wasser zum Land

Was ist ein Brückentier?
Durch seinen Körperbau zeigt ein Brückentier eine enge stammesgeschichtliche Verwandtschaft zu zwei heute getrennten Gruppen. So gilt der Ichthyostega als Brückentier zwischen Fischen und Amphibien.

Im Devon setzten sich an Land Sporenpflanzen, ähnlich den heutigen Farnen, Schachtelhalmen und Riesenbärlappgewächsen durch. **Sumpflandschaften** bildeten sich und die ersten **Samenpflanzen** entstanden. In weiterer Folge wurde es auch **Insekten** und **Landwirbeltieren** möglich, das Festland zu besiedeln. Gegen Ende des Devons starben aufgrund einer Klimaabkühlung ca. 40 % der Arten in den Meeren aus.

Ginkobaum und Blatt

5. Periode – das Karbon

Das **Karbon** wird auch das **Steinkohlezeitalter** genannt. Aus den Pflanzen der riesigen Sumpfwälder des Karbons bildeten sich die großen Steinkohlelager, die auch heute noch abgebaut werden.

Teil eines fossilen Farns aus einem Kohlelager

Das Klima im Karbon war sehr warm und feucht. Es gab große Sumpfgebiete, in denen sich die Amphibien weiterentwickelten. Gegen Ende dieser Periode entstanden die ersten **Reptilien**. Das feuchte Klima begünstigte außerdem die Entwicklung von Riesenlibellen mit einer Flügelspannweite von bis zu 1 m, sowie Spinnen, Landskorpionen und Tausendfüßern.

Das **Erdaltertum** unterteilt man in **Kambrium**, **Ordovizium**, **Silur**, **Devon**, **Karbon** und **Perm**. Es entwickelte sich eine Vielfalt an Lebewesen im Meer. Im **Devon** begannen die ersten **Amphibien** an Land zu gehen. Riesige Sumpflandschaften bildeten **Steinkohlelager**. **Reptilien** entwickelten sich zu den ersten **Sauriern**. Die ersten **nacktsamigen Pflanzen** entstanden.

6. Periode – das Perm

Im **Perm** wurde das Klima wieder trockener und die ersten **nacktsamigen Pflanzen** entstanden. Sie waren die Vorfahren unserer Nadelbäume. Auch **Ginkobäume** stammen aus dieser Zeit.

Reptilien beherrschten nun das Festland. Sie legten Eier, die durch eine Schale vor dem Austrocknen geschützt waren. Daher konnten die Reptilien weiter ins Landesinnere vordringen. Einer der ersten Saurier entwickelte sich, das **Dimetrodon**.

Dimetrodon

Nun geht's los – Aufgaben für schlaue Köpfe!

1) Übertrage die Entstehung der Lebewesen auf diese Uhr! **Zeichne dazu die jeweiligen Erdzeitalter der Anleitung entsprechend ein und benenne sie auf der Uhr! ★★★★★**

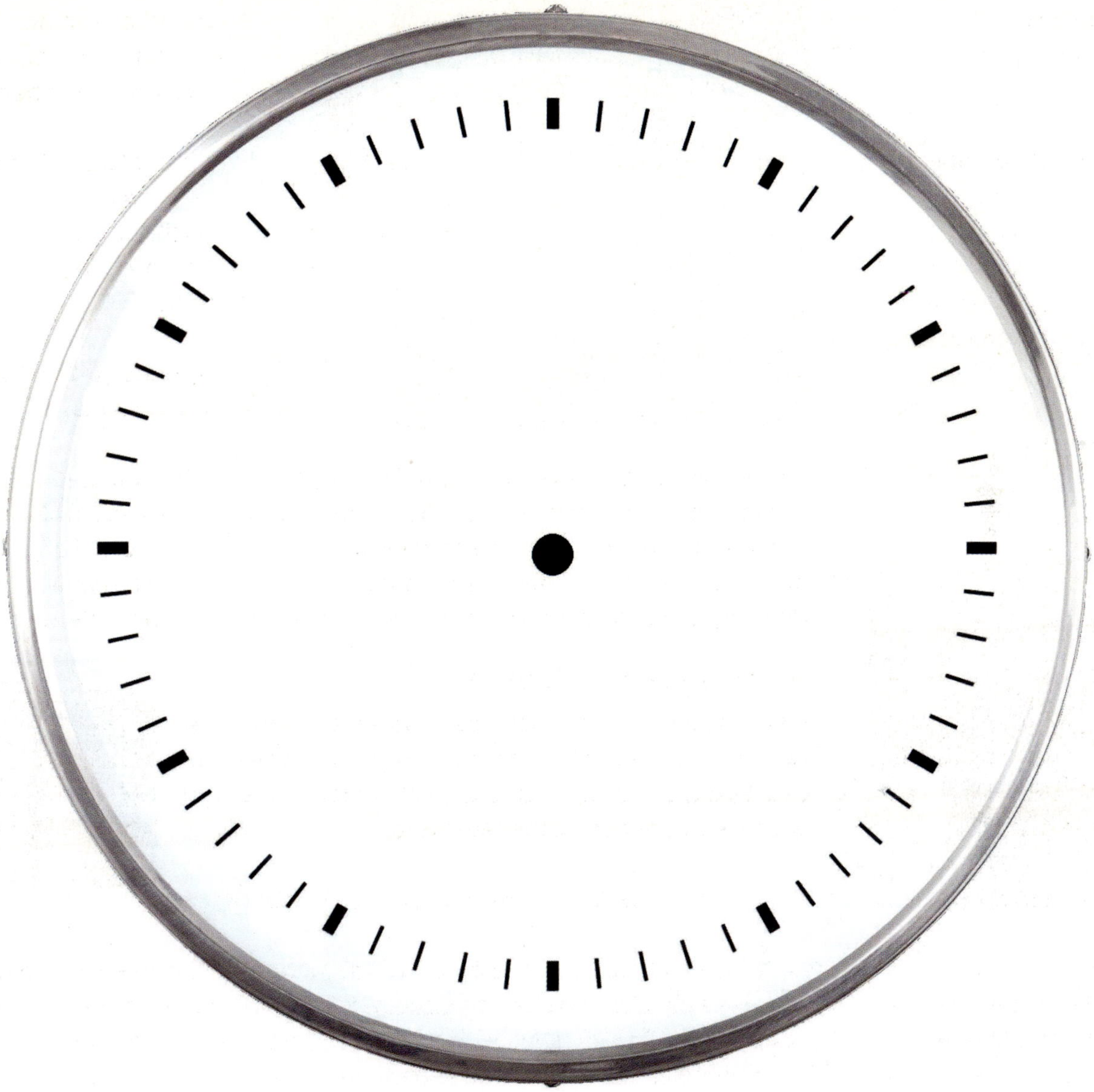

Anleitung:

Die 12 Stunden des Zifferblattes stellen 4,6 Milliarden Jahre der Erdgeschichte dar. Du sollst nun die Fläche des Zifferblattes so in Segmente („Tortenstücke") einteilen, dass ihre Größe der Dauer der einzelnen Abschnitte der Erdgeschichte entspricht.

1. Schritt: Das Zifferblatt hat einen Umfang von 46 cm, sodass 1 mm also 10 Millionen Jahren entspricht. Beginne bei 12 Uhr und miss am äußeren Rand eine Länge von 40 cm ab! Tipp: Du kannst die Länge auch auf einem Stück Schnur abmessen und es dann um das Zifferblatt herum legen.

2. Schritt: Ziehe von dort eine gerade Linie zum Mittelpunkt! Dieses Segment stellt die Erdurzeit dar.

3. Schritt: Trage anschließend die anderen Erdzeitalter ein und bemale jeden Abschnitt der Erdgeschichte mit einer anderen Farbe!

4. Schritt: Zum Schluss trage noch die Entstehung folgender Lebewesen ein:

Bakterien ★ mehrzellige Lebewesen ★ Trilobiten und Vorfahren des Nautilus ★ Quastenflosser und Ichthyostega ★ Mensch

Nun geht's los – Aufgaben für schlaue Köpfe!

2) **Was ist was?** Wenn du diese Angaben genau liest, weißt du bestimmt, um welches Tier es sich handelt. **Notiere zuerst die Namen in den Kästchen und ordne dann diese mit der passenden Nummer den Bildern zu! ★★★★**

	BESCHREIBUNG	NAME
1	Seine Vorfahren lebten bereits in den Meeren des Ordoviziums.	____________
2	Im Silur gab es die ersten Landtiere. Er lebte zu dieser Zeit im Meer.	____________ ____________
3	Als Brückentier zwischen Fischen und Amphibien zeigt er eine enge stammesgeschichtliche Verwandtschaft zu zwei heute getrennten Gruppen.	____________
4	Man kennt ihn aus dem Devon. Vermutlich haben sich aus seinen nahen Verwandten die ersten Landwirbeltiere, die Urlurche entwickelt.	____________
5	Die Leitfossilien des Devons lebten im Meer und waren die Vorfahren der heutigen Tintenfische.	____________
6	Er war einer der ersten am Land lebenden Saurier im Perm.	____________

3) **Richtig oder falsch?** **Ringle den richtigen Buchstaben ein, dann erhältst du als Lösungswort die Bezeichnung eines Kontinents im Erdaltertum! ★★**

	richtig	falsch
Zu Beginn der Erdurzeit hatte die Erde eine schützende Ozonschicht.	C	G
Es ist genau bekannt, seit wann es Leben auf der Erde gibt.	A	O
Man fand Spuren von Bakterien, die aus dem Archaikum stammen.	N	M
Gegen Ende der Erdurzeit entstanden bereits mehrzellige Lebewesen.	D	P
Fundorte erdurzeitlicher Formationen findet man häufig auf der Erde.	E	W
Die erste Formation des Erdaltertums nennt man Devon.	R	A
Die Vorfahren des Nautilus lebten bereits im Ordovizium.	N	S
Der Ichthyostega gilt als Brückentier zwischen Fischen und Säugetieren.	U	A

LÖSUNGSWORT: . . . .

7. ERDMITTELALTER – DAS MESOZOIKUM

Das **Erdmittelalter** bzw. Mesozoikum teilt man in 3 Perioden ein: **Trias**, **Jura** und **Kreide**.

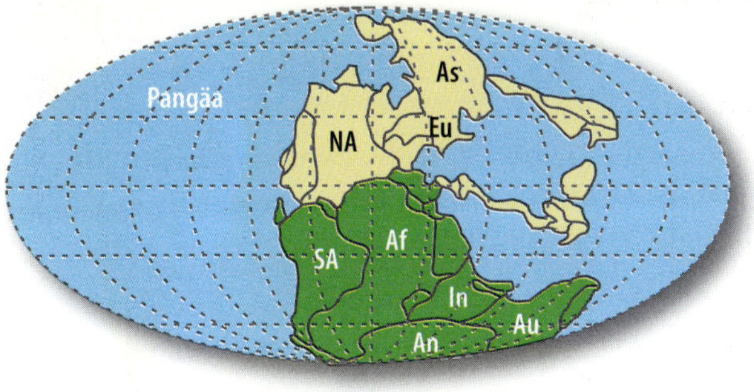

Erde zu Beginn des Erdmittelalters: Die Landmassen bildeten einen einzigen großen Kontinent, den Pangäa.

Äon	Ära	Periode	Beginn vor Mio. Jahren
Phanerozoikum	Erdneuzeit/Känozoikum		
	Erdmittelalter/Mesozoikum	Kreide	145
		Jura	200
		Trias	251
	Erdaltertum/Paläozoikum		
Erdurzeit/Präkambrium			

1. Periode – die Trias

Im subtropischen Klima der **Trias** wuchsen Ginkogewächse, Farne und Nadelbäume sehr hoch. In der Tierwelt waren außer den Schlangen bereits alle Gruppen der **Reptilien** vertreten. Es gab **Schildkröten**, **Krokodile** und die ersten **Saurier**.

Aus einer Gruppe der Reptilien entstanden säugetierähnliche Reptilien, aus denen sich im Laufe der Zeit die Säugetiere entwickelten. Im Gegensatz zu den wechselwarmen Reptilien können **Säugetiere** ihre Körpertemperatur regulieren. Daher wurden sie in ihrer Aktivität durch unterschiedliches Wetter oder den Wechsel der Tageszeiten nicht beeinträchtigt und konnten länger nach Nahrung suchen, was ihnen Überlebensvorteile brachte.

Säugetiere im Erdmittelalter
Die ersten Säugetiere, also unsere direkten Vorfahren, waren klein und spitzmausähnlich. Sie ernährten sich von Insekten. Eines der ersten Säugetiere war das Megazostrodon.

Megazostrodon

2. Periode – der Jura

Im zweiten Abschnitt, dem **Jura**, brach Pangäa langsam auseinander und Ozeane überfluteten große Teile der Kontinente. Deshalb konnten sich die Landtiere nicht mehr ungehindert ausbreiten. Auch verlief die Entwicklung auf den einzelnen Kontinenten unterschiedlich. Neue Tiergruppen und in der Folge neue Arten entstanden. Das Klima war aber weiterhin warm. Es gab große Wälder aus Nadelbäumen wie dem Mammutbaum. Außerdem wuchsen Palmfarne und Ginkogewächse.

Die Saurier konnten sich in allen Lebensräumen ausbreiten. Man fand Fossilien von im Meer lebenden **Fischsauriern** und an Land lebenden **Dinosauriern**. **Flugsaurier** eroberten die Lüfte. Saurier konnten gigantische Größen erreichen, es gab aber auch Arten, die nicht größer als Hühner wurden. Aus dem Jura stammt auch der Urvogel **Archaeopteryx**, der als Brückentier zwischen Reptilien und Vögeln gilt.

Betrachte im Kapitel „Fossilien" die Abbildung des Archaeopteryx! Du wirst feststellen, dass dieses Fossil noch Kiefer und Krallen der Reptilien, aber bereits die Federn und die zum Gabelbein zusammengewachsenen Schlüsselbeine der Vögel zeigt.

Landschaftsbild im Erdmittelalter:
1. Palmfarn, 2. Nadelbäume, 3. Urvogel, 4. Saurier, 5. Krokodil, 6. Flugsaurier

3. Periode – die Kreide

Fossile Blüte

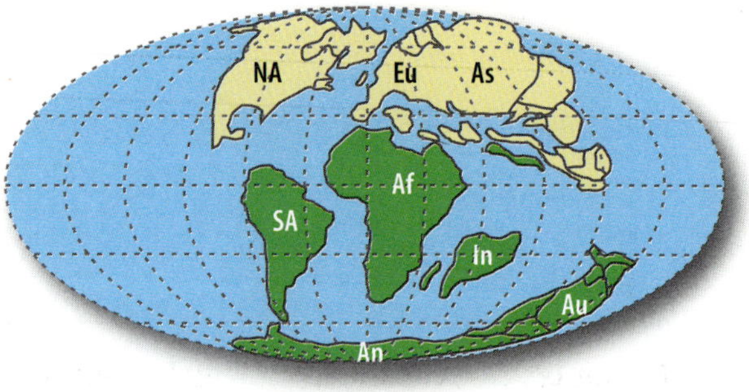

Erde zur Kreidezeit: Das Auseinanderdriften der Kontinente setzte sich in der Kreidezeit fort.

Bis zur Kreidezeit hatten die Pflanzen nur sehr einfache Fortpflanzungsmechanismen. Meist erfolgte die Bestäubung durch den Wind. In der Kreidezeit entwickelten sich neue und wirkungsvollere Methoden der Fortpflanzung: **Blütenpflanzen** gingen für die Bestäubung Symbiosen mit Insekten ein. Diese Beziehung erhöhte die Chancen einer erfolgreichen Bestäubung und Blütenpflanzen verbreiteten sich rasch über die Erdoberfläche. Die Ausbreitung der Blütenpflanzen förderte aber auch die Entwicklung der **Insekten**. Diese bildeten die Nahrungsgrundlage für Vögel und kleine Säugetiere, sodass sich auch diese rasch ausbreiten konnten.

In den Meeren entstanden **neue Formen von Weichtieren** und in den küstennahen Flachmeeren **neue Arten fleischfressender Krebstiere** wie Garnelen, Krabben und Hummer.

In der Kreidezeit entwickelten sich die Reptilien weiter und **neue Dinosaurierarten** entstanden. **Hadrosaurier** mit entenähnlichen Schnäbeln waren die verbreitetsten **Weide**tiere, die in Herden lebten. Andere Arten der Kreidezeit waren **Stegosaurier**, **Pachycephalosaurier** und **Ankylosaurier**. Gegen Ende der Kreidezeit lebte der Raubsaurier **Tyrannosaurus rex**.

Hadrosaurier

Stegosaurier

Ankylosaurier

Tyrannosaurus rex

Am Ende der Kreidezeit verschwand plötzlich ein Großteil aller Lebewesen. Auch die **Dinosaurier starben aus**.

Wie kam es zum Aussterben der Dinosaurier?
Bis heute sind die Gründe für das Aussterben der Dinosaurier am Ende der Kreidezeit nicht restlos geklärt. Es gibt aber mehrere mögliche Erklärungen:
→ Ein **Asteroid** kollidierte mit der Erde. Durch die aufgewirbelte Staubwolke änderten sich plötzlich die Lebensbedingungen.
→ Die **Säugetiere** entwickelten sich rasch weiter und fraßen die Eier der Dinosaurier.
→ Das **Klima** veränderte sich und die Dinosaurier konnten sich nicht rasch genug an die steigenden Temperaturen anpassen.
→ Der **Vulkanismus** nahm zu. Die Aschewolken veränderten die Umweltbedingungen.

Weide: Wiese, auf denen Vieh grast

Das **Erdmittelalter** teilt man in drei Abschnitte: **Trias, Jura** und **Kreide**. Es war die Hochphase der **Saurier** und erste Formen der **Säugetiere** entstanden. **Blütenpflanzen** konnten sich verbreiten. Am Ende dieses Erdzeitalters starb ein Großteil aller Lebewesen aus.

Nun geht's los – Aufgaben für schlaue Köpfe!

1) Welcher Saurier ist das? **Lies dir zuerst diese Informationstexte genau durch! Dann ordne die Namen der verschiedenen Saurier aus den Abbildungen den Texten zu! ★★**

NAME: ______________________

Er war bis zu 9 m lang und erreichte ein Gewicht von 6 bis 12 Tonnen. Dieser Saurier hatte einen sehr großen und wuchtigen Schädel. Seine mächtigen Hörner, die Stoßwaffen waren, setzte er zur Verteidigung gegenüber Fressfeinden und bei Revierkämpfen ein. Seine Nackenschilde schützten ihn vor Bissen.

NAME: ______________________

Dieser Saurier war ein Pflanzenfresser mit einem breiten, stämmigen Rumpf. Seine Hinterbeine waren länger als seine Vorderbeine, sodass der Kopf in einer bodennahen Position war. Um seine Feinde abzuschrecken, besaß dieser Saurier einen mit Stacheln besetzten Panzer und einen am Ende verdickten, knochigen Schwanz.

NAME: ______________________

Er bewegte sich auf den Hinterbeinen fort. Sein schwerer, steifer Schwanz bildete das Gegengewicht zum vorderen Teil des Körpers. Dieser Saurier konnte hohe Geschwindigkeiten erreichen und ernährte sich vorwiegend von Pflanzen in Bodennähe, aber auch von Insekten, Kleintieren oder Eiern.

NAME: ______________________

Dabei handelt es sich um einen vierbeinigen, pflanzenfressenden Saurier, der eine Doppelreihe von knöchernen Platten oder Stacheln entlang des Rückens und der Oberseite des Schwanzes hatte. Diese dienten der Verteidigung, denn durch das Hin- und Herschwingen des Schwanzes konnte er Fressfeinde verwunden.

NAME: ______________________

Dieser Saurier war ohne Zweifel der bedrohlichste Fleischfresser aller Zeiten. Im Vergleich zu seiner Länge von mehr als 15 m und seiner Höhe von über 6 m waren seine vorderen Gliedmaßen klein und so kurz, dass er nicht einmal sein Maul damit erreichte. Da er wegen seines riesigen Körpers nicht weit laufen konnte, lauerte er seiner Beute auf und sprang sie an.

Nun geht's los – Aufgaben für schlaue Köpfe!

2) Welche Saurier haben sich hier versteckt? – **Finde die 3 Gruppen der Saurier sowie die 5 Dinosaurierarten, die du schon kennengelernt hast! ★**

P	Y	M	A	E	W	T	L	G	T	V	E	X	X	S	U	P	L	X
V	G	M	F	F	Y	A	N	K	Y	L	O	S	A	U	R	I	E	R
S	G	C	N	O	L	O	T	S	R	T	J	I	N	I	M	J	X	U
W	X	L	N	F	H	D	D	K	A	G	F	I	J	C	F	Y	K	I
X	I	B	Z	I	Q	I	D	J	N	U	U	Q	Z	M	F	Z	L	I
T	C	V	J	S	W	N	Q	S	N	R	Z	I	Z	C	L	C	J	D
B	D	E	J	C	I	O	M	A	O	D	R	Z	X	K	U	W	O	J
Q	Y	N	V	H	N	S	R	X	S	L	C	L	W	O	G	D	O	C
G	W	A	C	S	X	A	R	O	A	N	O	N	O	G	S	R	Q	E
T	D	C	Q	A	Q	U	M	U	U	I	G	I	R	V	A	Q	Y	J
G	Z	X	T	U	C	R	E	F	R	J	C	E	C	W	U	U	V	T
W	L	A	K	R	I	I	N	F	U	L	M	M	V	X	R	Q	S	I
F	R	G	L	I	U	E	N	I	S	E	L	O	I	T	I	M	N	Y
Y	L	F	T	E	I	R	O	A	R	C	Z	M	L	I	E	X	Q	A
X	B	T	R	R	F	C	S	T	E	G	O	S	A	U	R	I	E	R
W	J	C	J	D	J	U	B	K	X	P	L	C	U	D	V	M	P	D
P	A	C	H	Y	C	E	P	H	A	L	O	S	A	U	R	I	E	R
H	A	D	R	O	S	A	U	R	I	E	R	D	J	L	Q	E	G	B
N	X	A	T	J	J	L	O	Q	D	S	B	W	Y	G	O	Y	O	U

Sauriergruppen:

____

____

____

Dinosaurierarten:

____

____

____

____

____

3) **Für Experten/Expertinnen** – Wie erklärt man sich, dass die Saurier am Ende der Kreidezeit ausgestorben sind? **Schreibe die passende Erklärung neben das jeweilige Bild! ★★★★**

____

____

____

____

____

____

____

____

8. ERDNEUZEIT – DAS KÄNOZOIKUM

Die **Erdneuzeit** oder das Känozoikum wird in 3 Perioden unterteilt: **Paläogen**, **Neogen** und **Quartär**. In dieser Zeit drifteten die Kontinente weiter auseinander.

Äon	Ära	Periode	Beginn vor Mio. Jahren
Phanerozoikum	Erdneuzeit/ Känozoikum	Quartär	2,6
		Neogen	23
		Paläogen	65
	Erdmittelalter/Mesozoikum		
	Erdaltertum/Paläozoikum		
Erdurzeit/Präkambrium			

1. Periode – das Paläogen

Nachdem die Saurier am Ende der Kreidezeit ausgestorben waren, konnten sich im Paläogen die **Säugetiere** rasch weiter entwickeln und die freigewordenen Lebensräume besiedeln. Es entwickelten sich 3 Gruppen von Säugetieren: Kloakentiere, Beuteltiere und **Plazenta**tiere.

Kloakentiere
Sie traten erstmals in der mittleren Kreide auf und sind die ursprünglichste Gruppe der Säugetiere. Obwohl sie Säuger sind, legen sie wie Reptilien Eier. Zwei Arten der stacheligen Ameisenigel und eine Art der Schnabeltiere haben bis heute überlebt. Sie kommen in Australien und Neuguinea vor.

Schnabeltier

Beuteltiere
Die Beuteltiere sind weiter entwickelt als Kloakentiere. Sie bringen bereits lebende Junge zur Welt. Die größeren Arten halten ihre Jungen in Hauttaschen, bis sie alleine lebensfähig sind. Beuteltiere kommen heute noch in Amerika und Australien vor.

Känguru

Plazentatiere
Die Jungen der Plazentatiere entwickeln sich im Körper des Weibchens und werden von der Plazenta ernährt. Aufgrund des Heranwachsens im Körper des Muttertiers haben die Jungen eine größere Chance zu überleben. Plazentatiere waren besonders erfolgreich und besiedeln heute fast alle Lebensräume.

Gnu

Plazenta: Gewebe in der Gebärmutter, das den Fötus versorgt

Wo gibt es Beuteltiere?
Eurasische Route: Da Beuteltiere sowohl in Amerika als auch in Australien vorkommen, nahm man ursprünglich an, dass die Vorfahren der heutigen Beuteltiere sich von Nordamerika ausgehend über Nordeuropa und Asien nach Australien ausgebreitet hätten.

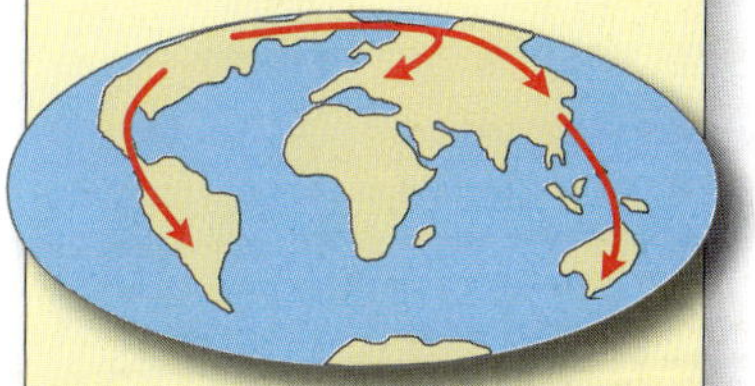

Antarktische Route: Als man erkannte, wie sich die Kontinente im Verlauf von Jahrmillionen verschoben hatten, ging man davon aus, dass sich die Beuteltiere von Norden aus nach Südamerika ausgebreitet hatten. Bevor sich die Kontinente abspalteten, wanderten sie über die Antarktis nach Australien ein.

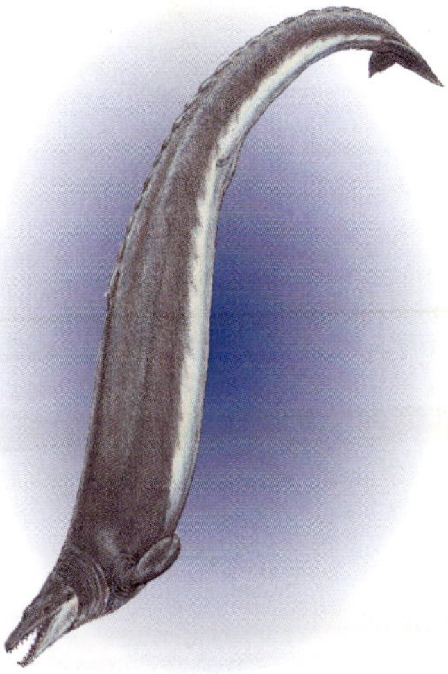

Im weiteren Verlauf des Paläogens entfernten sich die Kontinente weiter voneinander. **Pflanzenfressende Säugetiere** brachten eine reiche Formenvielfalt hervor wie Nagetiere, Fledertiere, Primaten, frühe Elefanten, Antilopen, Giraffen und Vorfahren unserer Pferde. Auch **Raubtiere** wie Wölfe, Bären oder die Säbelzahnkatzen tauchten in dieser Zeit auf. In den Meeren vermehrten sich fleischfressende Haiarten. Es kehrten aber auch einige Säugetiere des Festlandes ins Meer zurück. So etwa jene Säugetiere, die sich später zu den Walen entwickelten.

Zeuglodon – prähistorischer Wal

Zahlreiche **neue Tiergruppen** entstanden: Ameisen, Bienen, Pinguine und Giftschlangen traten erstmals auf. Flussufer und Meeresküsten wurden Lebensraum für neue Vogelfamilien wie Enten, Reiher, Pelikane oder Möwen.

Vom Urpferd zum heutigen Pferd

Das Hyracotherium lebte vor ca. 50 Mio. Jahren; war etwa 20 cm hoch; hatte an den Vorderbeinen noch 4 und an den Hinterbeinen 3 Zehen.

Der Mesohippus lebte vor ca. 40 Mio. Jahren; war bereits 60 cm hoch; hatte nur noch 3 Zehen.

Der Hypohippus lebte vor ca. 15 Mio. Jahren; war bereits so groß wie ein Pony; hatte noch 3 Zehen; ging nur noch auf den Zehenspitzen.

Das heutige Pferd, das nur noch eine Zehe hat, gibt es seit etwa 2,5 Mio. Jahren.

Die **Erdneuzeit** (Känozoikum) wird in 3 Perioden unterteilt: **Paläogen, Neogen, Quartär.** Ab der zweiten Hälfte des Neogens nahmen die Kontinente langsam in etwa die Lage ein, die sie heute haben. Warm- und Kaltzeiten wechselten einander ab.

2. Periode – das Neogen

Aufgrund der Bewegungen der Kontinente kam es zu einer **Kollision** Afrikas mit Europa und Asien. Dadurch wurden die Alpen aufgefaltet. Zu Beginn des **Neogens** war die Auffaltung der Alpen abgeschlossen. Als Indien und Asien zusammenstießen, war das der Beginn für die Entstehung des Himalajas. Australien und Südamerika **blieben isoliert** vom Rest der Welt mit ihrer jeweils eigenen einzigartigen Tier- und Pflanzenwelt. Etwa ab der zweiten Hälfte des Neogens hatten die Kontinente ungefähr ihre heutige Lage.

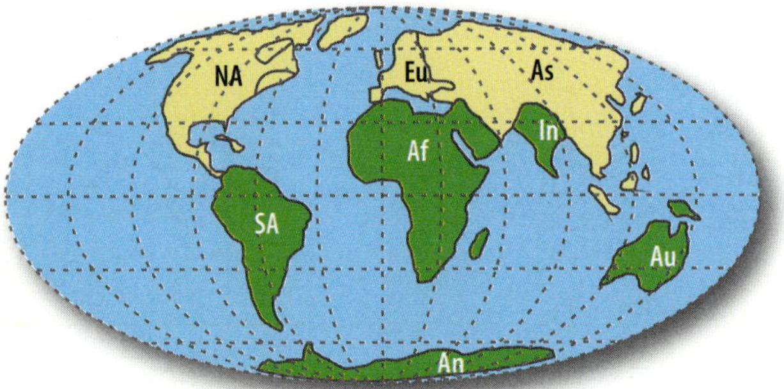

Erde gegen Ende des Neogens

Im Neogen und im Quartär folgten mehrere **Eiszeiten** aufeinander. Jedes Mal lagen weite Teile der nördlichen Halbkugel unter dicken Gletscherschichten begraben. Der Meeresspiegel war 120 bis 130 m tiefer als heute, sodass Gebiete, die heute vom Meer bedeckt sind, während der Eiszeiten trockenes Land waren. Zwischen Amerika und Asien gab es eine **Landbrücke**, über die sich zahlreiche Tier- und Pflanzenarten ausbreiten konnten. Möglicherweise erfolgte auch die Besiedlung Amerikas durch den frühen Menschen über diese Landbrücke.

3. Periode – das Quartär

Zwischen den Eiszeiten gab es immer wieder **Perioden mit warmem Klima**. Die Wechsel zwischen kaltem und warmem Klima dauerten jeweils viele tausend Jahre. Größere Tiere wie Wollnashörner, Rentiere und Mammuts passten sich an die Kälte an. Andere wanderten in den wärmeren Süden ab. In Europa wurde das Abwandern nach Süden durch den Gebirgszug der Alpen sowie durch das Mittelmeer behindert. Manche Tierarten, die sich nicht rasch genug anpassen konnten, starben aus.

Wollnashorn

Mammut

Rentier

Andere Tiere und Pflanzen wie die Zwerg-Weide, der Schneehase oder das Murmeltier zogen sich nach dem Ende der letzten Eiszeit ins Hochgebirge zurück, wo sie bis heute überleben konnten.

Zwerg-Weide

Schneehase

Murmeltier

Erst im letzten Viertel des Neogens, vor 7 bis 8 Mio. Jahren, begann die Stammesgeschichte des Menschen mit der Trennung der Schimpansen- von der Menschenlinie. Der heutige Mensch (Homo sapiens) entwickelte sich vermutlich über mehrere Zwischenformen.

Nun geht's los – Aufgaben für schlaue Köpfe!

1) Um welche Gruppe von Säugetieren handelt es sich hier? Zu jedem Tier gibt es eine kurze Beschreibung, anhand der du eine Zuordnung treffen kannst. **Trage ein** → KL = Kloakentiere, BE = Beuteltiere, PL = Plazentatiere! ★★

Koalas ernähren sich von Eukalyptusblättern. Ihr Name stammt aus der Sprache der Aborigines und bedeutet „ohne Wasser". Bei der Geburt krabbelt das Junge selbständig aus der Kloake in den Beutel.

Der **Kurzschnabeligel** bewohnt weite Teile Australiens. Trotz seiner Stacheln ist er nicht mit dem Igel verwandt. Das Weibchen bebrütet das Ei in einem eigens angelegten Beutel am Bauch.

Der **Ameisenbär** ist nicht mit den Bären verwandt. Sein Lebensraum erstreckt sich über Mittel- und Südamerika. Seine Nahrung besteht aus Ameisen und Termiten. Das Jungtier reitet auf dem Rücken der Mutter.

Der **Beutelteufel** (Tasmanischer Teufel) ist der größte noch lebende Raubbeutler. Wenn er sich aufregt, kreischt er laut, seine Ohren färben sich rot und er verströmt einen unangenehmen Geruch.

Das **Schnabeltier** ist ein eierlegendes Säugetier aus Australien. Es ist nachtaktiv und kann ausgezeichnet schwimmen. Unter Wasser schließt es seine Augen und seine Ohrenöffnungen. Der Schwanz dient als Steuer.

Das **Nordopossum** lebt in Nordamerika. Es ist so groß wie eine Hauskatze. Die Weibchen haben einen gut entwickelten Beutel mit meist 13 Zitzen darin, die kreisförmig angeordnet sind.

Der **Pfeifhase** gibt hohe Töne als Warn- und Erkennungssignal von sich. Pfeifhasen leben in Nordamerika und Asien. Die nackten und hilflosen Neugeborenen wachsen schnell und werden nach 3 bis 4 Wochen entwöhnt.

Der **Nacktnasenwombat**, der in Australien ziemlich weit verbreitet ist, gräbt einen Bau, der viele Tunnel hat. Nach der Geburt verbringen die Jungen die ersten 6 bis 7 Lebensmonate im nach hinten geöffneten Beutel.

2) **Ordne nun auf dieser Weltkarte die oben genannten Tiere den Kontinenten zu!** ★

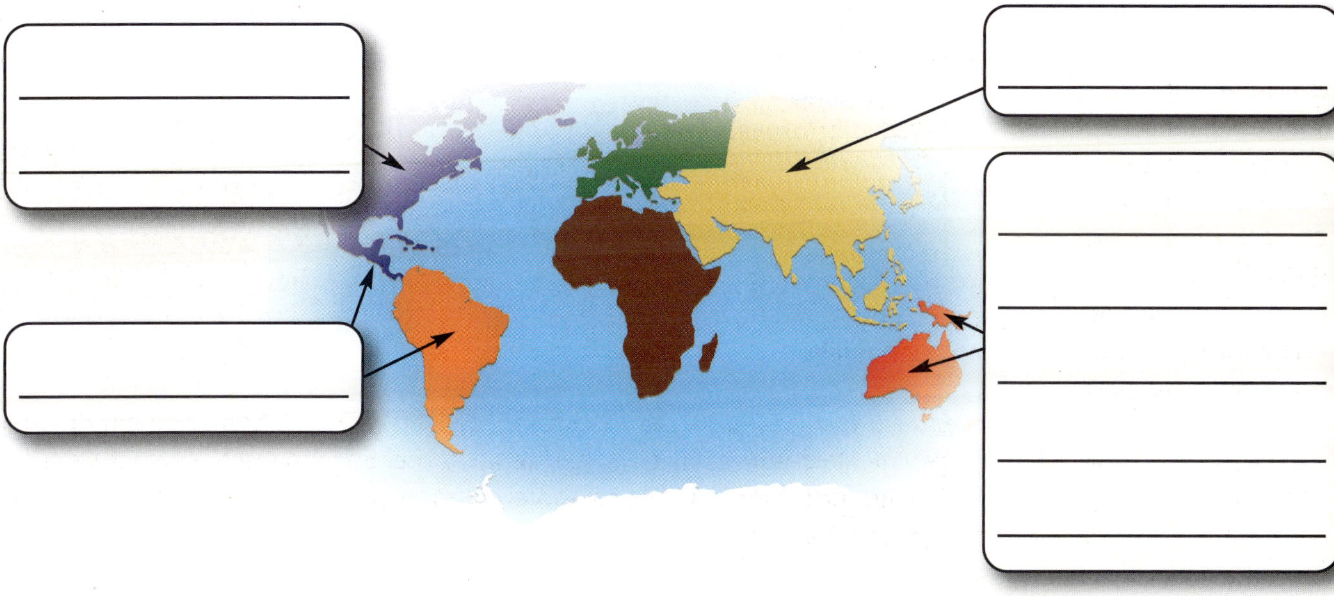

Nun geht's los – Aufgaben für schlaue Köpfe!

3) **Was geschah wann?** Schreibe die jeweiligen Phasen als Überschrift über den Text! ★★★

____

Neben den vielen Wäldern und den neuen Pflanzen entwickelten sich in den Meeren neue Formen von Weichtieren und in den küstennahen Flachmeeren neue Arten fleischfressender Krebstiere.

____

Am Ende dieser Periode verschwand ein Großteil aller Lebewesen.

____

Bereits alle Gruppen der Reptilien waren vertreten.

____

Es gab aber noch weitere neue Tiergruppen: Ameisen, Bienen, Stare, Pinguine und Giftschlangen.

____

Saurier konnten gigantische Größen erreichen, es gab aber auch hühnergroße Zwerge unter ihnen.

____

Blütenpflanzen gingen Symbiosen mit Insekten ein.

____

Die wichtigsten Landmassen nahmen ihre heutige Lage ein.

____

Man fand Fossilien von im Meer lebenden Fischsauriern, an Land lebenden Dinosauriern und von Flugsauriern, die die Lüfte eroberten.

____

Große Ginkogewächse, Farne und Nadelbäume wuchsen.

____

Pangäa brach auseinander und Ozeane überfluteten große Teile der Kontinente.

____

Es gab drei Gruppen Säugetiere zu dieser Zeit: Kloakentiere, Beuteltiere und Plazentatiere.

____

Der Urvogel Archaeopteryx, der als Brückentier zwischen Reptilien und Vögeln gilt, entwickelte sich.

____

Es wuchsen große Mammutbäume, Palmfarne und Ginkogewächse.

Trias ★ Jura ★ Trias ★
Kreide ★ Jura ★ Jura ★
Kreide ★ Paläogen ★
Neogen ★ Kreide ★
Jura ★ Trias ★ Paläogen

9. ENTWICKLUNG DER WIRBELTIERE

Die Wissenschaft war lange Zeit von religiösen Vorstellungen geprägt. So nahm man an, dass sämtliche Pflanzen- und Tierarten so erschaffen worden waren, wie wir sie heute kennen, und dass sie sich im Laufe der Zeit nicht verändert hatten. Erst im 18. Jh. erkannten Wissenschaftler, dass verschiedenartige Lebewesen wie Katze, Fledermaus, Wal, Pferd oder Mensch viele **gemeinsame Merkmale** besitzen. So haben sie z. B. einen ähnlichen Knochenbau der Gliedmaßen, einen ähnlichen Aufbau des Nervensystems oder ein ähnliches Kreislaufsystem.

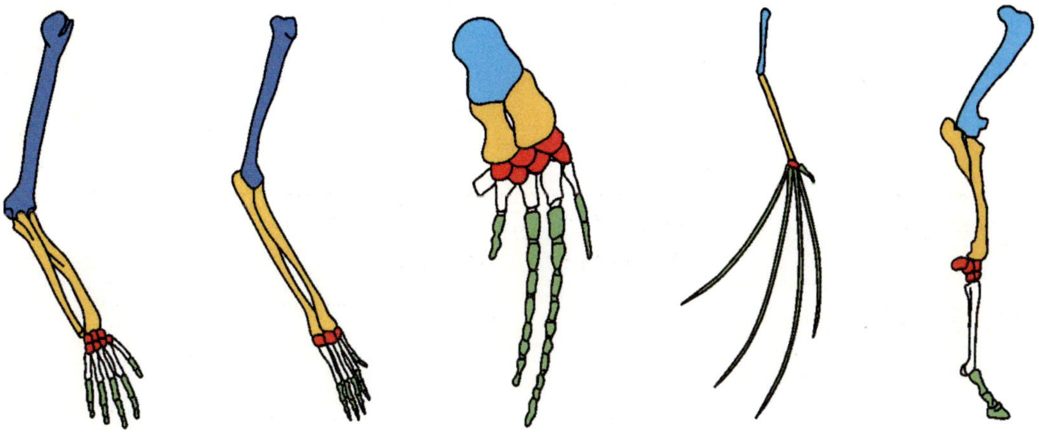

Homologe Vordergliedmaßen verschiedener Wirbeltiere

Homologe Organe: Die Gliedmaßen verschiedener Wirbeltiere haben zwar verschiedene Aufgaben, aber einen ähnlichen Bauplan. Biologen und Biologinnen sprechen in diesem Fall von **homologen** Organen. Sie deuten auf eine gemeinsame Abstammung hin, die auf eine Verwandtschaft der betreffenden Lebewesen schließen lässt.

Rudimentäre Organe: Oft sind diese Gemeinsamkeiten auf den ersten Blick nicht erkennbar. So hat z. B. eine Riesenschlange keine Beine. Auf einem Röntgenbild oder an einem Skelettpräparat einer Schlange kannst du jedoch Reste von Hinterbeinen sehen. Solche verkümmerte Körperteile, die keine Funktion mehr haben, nennt man **rudimentäre** Organe. Das Steißbein des Menschen ist ebenfalls ein Rudiment. Es ist der Rest eines früheren Schwanzes.

Riesenschlange

Skelett einer Riesenschlange

Analoge Organe: Andererseits haben die Beine eines Käfers und eines Hundes die gleiche Aufgabe, ihre Baupläne aber sind verschieden: Der Hund hat ein Knochenskelett und der Käfer ein Außenskelett aus Chitin. Sie sind also nicht homolog. In diesem Fall sprechen Biologen und Biologinnen von **analogen** Organen. Sie geben keinen Hinweis auf eine Stammesverwandtschaft.

Wie kommt es zu Veränderungen der Organe?
Mitunter kommt es zu plötzlichen Veränderungen in den Erbanlagen eines Lebewesens. Diese nennt man Mutationen. Sie führen zu neuen Eigenschaften der Organe. Die veränderten Organe können für das Lebewesen Vor- oder Nachteile haben. Überwiegen die Vorteile, dann hat das betreffende Lebewesen in seinem Lebensraum eine höhere Überlebenschance als seine Artgenossen und hat mehr Nachkommen, die ebenfalls die neuen Eigenschaften haben können. Nach mehreren Generationen gibt es nur noch Lebewesen mit diesen Veränderungen. Dieser Vorgang heißt Selektion.

Erinnere dich und benenne die einzelnen Knochen der Vordergliedmaßen, die du in der Abbildung in unterschiedlichen Farben erkennen kannst!

homolog: von einer gemeinsamen Urform ableitbar

analog: ähnlich

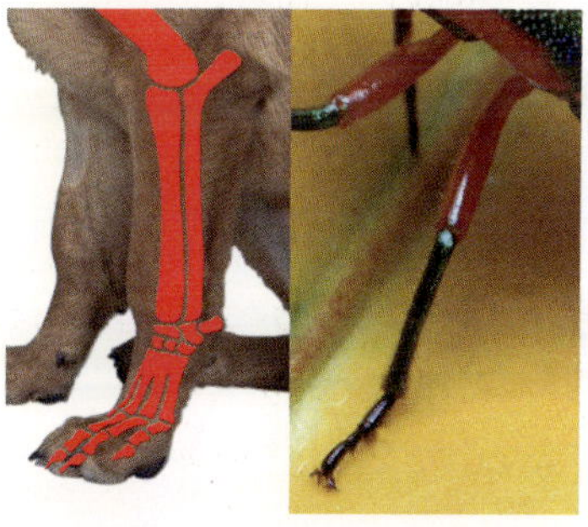

Analoge Vordergliedmaßen beim Hund und beim Käfer

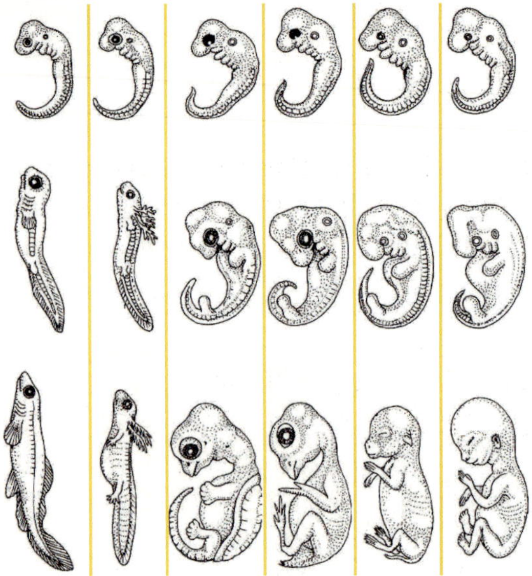

Embryonalentwicklung bei Wirbeltieren

Einen weiteren Hinweis auf die gemeinsame Stammesgeschichte von Wirbeltieren liefert der Vergleich der **Embryonalentwicklung**. Zu Beginn der Embryonalentwicklung sehen alle Wirbeltiere ähnlich aus. Je weiter ihre Entwicklung aber fortschreitet, desto stärker unterscheiden sich die Embryonen und zeigen die Merkmale des fertigen Tieres.

Homologe und **rudimentäre Organe** sowie die Ähnlichkeit der **Embryonalentwicklung** gelten als Beweise für die **Evolution**. Die **Evolutionstheorie** liefert Erklärungsmöglichkeiten für die Entstehung und Weiterentwicklung verschiedener Arten. Sie ist die Grundlage für die **Abstammungslehre**. Mit diesem Wissen und mit dem Wissen von **Fossilienfunden** von Brückentieren wurde ein Stammbaum der Lebewesen erstellt. Auch der Mensch findet in diesem Stammbaum seinen Platz.

Stammbaum der Wirbeltiere

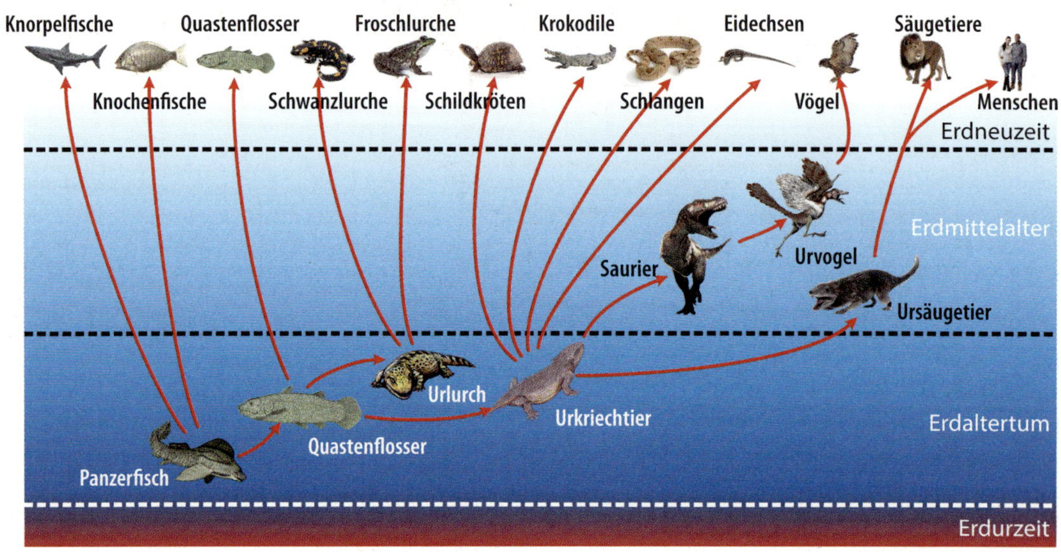

Theorie: ein wissenschaftlicher Erklärungsversuch

Urzeugung: Lebewesen entstehen aus unbelebter Materie

Individuum: einzelnes Lebewesen

Evolutionstheorie nach Lamarck

Der Zoologe **Jean Baptiste de Lamarck** (1744 – 1829) verglich Fossilien mit lebenden Tieren. Er behauptete, dass es für jede heutige Pflanzen- und Tierklasse eine eigene „**Urzeugung**" gegeben hat. Somit seien die heutigen Arten das Ergebnis einer langen **Entwicklung**. Lamarck stützte seine Behauptung auf zwei Annahmen:

1. Annahme: Organismen sind fähig, sich im Verlauf ihres Lebens der Umwelt **anzupassen**.
2. Annahme: Wenn Organismen während ihres Lebens **Eigenschaften oder Merkmale erworben haben**, können sie diese an ihre Nachkommen **vererben**.

Spätere Forschungen haben Lamarcks erste Annahme bestätigt, die zweite hat sich aber als falsch erwiesen.

Evolutionstheorie nach Darwin

Die heute gültige Evolutionstheorie stammt vom Biologen **Charles Robert Darwin** (1809 – 1882). Seine Theorie lautet: Lebewesen der selben Art unterscheiden sich von Geburt an ein wenig in ihren körperlichen Merkmalen. Darwin erkannte, dass manche **Individuen** Merkmale haben, die ihnen Vorteile bieten. Sie können z. B. Nahrungsquellen besser nutzen oder sich besser vor Feinden schützen. Somit können sie in ihrer Umwelt leichter überleben und sich erfolgreicher fortpflanzen. Lebewesen sind nach Darwins Theorie einem ständigen **Konkurrenzkampf** ausgesetzt. Die mit den günstigsten Merkmalen haben bessere Chancen zu überleben und geben diese Merkmale an ihre Nachkommen weiter.

Homologe und **rudimentäre Organe** und die Ähnlichkeit der **Embryonalentwicklung** der Wirbeltiere gelten als Beweise für die **Evolution**. Aufgrund des Wissens darüber konnte ein Stammbaum der Wirbeltiere entwickelt werden. Die heute gültige Evolutionstheorie stammt von **Charles Robert Darwin**.

Nun geht's los – Aufgaben für schlaue Köpfe!

1) **Von kurz zu lang ohne Übergang** – Wie fast alle Säugetiere hat die Giraffe sieben Halswirbel, auch wenn diese viel länger sind als bei Tieren von ähnlicher Größe wie dem Elefanten. Hier siehst du zwei Theorien über die Ursache der Halslänge abgebildet und beschrieben. **Entscheide, welche Theorie von Jean Baptiste de Lamarck stammt und welche von Charles Robert Darwin aufgestellt wurde! ★★★**

Die Vorfahren hatten kurze gleich lange Hälse.

Die Vorfahren hatten von Geburt an verschieden lange Hälse.

Als das Gras knapp wurde, verlängerte sich durch Strecken der Hals, damit die Giraffen an die Blätter der Bäume herankommen konnten.

Die natürliche Auslese löschte die Giraffen mit kurzen Hälsen aus, sodass diese sich nicht fortpflanzen konnten. Nur Giraffen mit langem Hals überlebten und gaben diese Eigenschaft an ihre Nachkommen weiter.

→ Die erworbene Eigenschaft wird an die Nachkommen vererbt.

→ Die Natur wählt Individuen mit günstigen Eigenschaften aus.

Theorie stammt von ______________________

Theorie stammt von ______________________

2) Welche Theorie hat sich als falsch herausgestellt? **Begründe deine Entscheidung!**

falsche Theorie: ______________________

Begründung: ______________________

____

____

Charles Robert Darwin

Jean Baptiste de Lamarck

Nun geht's los – Aufgaben für schlaue Köpfe!

3) **Evolutions-Quiz** – Ringle die richtigen Antworten ein und finde das Lösungswort heraus! ★★★

Der Begriff dafür, dass sich mit der Zeit eine Veränderung durchsetzt, ist

- **B** Segregation.
- **E** Selektion.
- **M** Sediment.
- **C** Sedierung.

Lebewesen sind einem ständigen Konkurrenzkampf ausgesetzt, sagt

- **N** Jean Baptiste de Lamarck.
- **K** Ferdinand Victor Eugène Delacroix.
- **Z** Stanley Miller.
- **V** Charles Robert Darwin.

Organe, die die gleiche Aufgabe, aber verschiedene Baupläne haben, sind

- **O** analoge Organe.
- **A** animalische Organe.
- **U** anarchistische Organe.
- **T** animierte Organe.

Sprunghafte Veränderungen in den Erbanlagen eines Lebewesens, die weitergegeben werden, sind

- **F** Multiplikationen.
- **I** Multifaktoren.
- **L** Mutationen.
- **R** Motivationen.

Seine erste Annahme wurde bestätigt, die zweite hat sich aber als falsch erwiesen. Er heißt

- **U** Jean Baptiste de Lamarck.
- **W** Ferdinand Victor Eugène Delacroix.
- **S** Stanley Miller.
- **B** Charles Robert Darwin.

Verkümmerte Körperteile, die keine Funktion mehr haben, nennt man

- **D** rustikale Organe.
- **T** rudimentäre Organe.
- **G** rudimente Organe.
- **S** radikale Organe.

Einen weiteren Hinweis auf die gemeinsame Stammesgeschichte der Wirbeltiere liefert auch die

- **L** Embolie.
- **O** Embargos.
- **I** Embryonalentwicklung.
- **R** Empathie.

Man glaubte, dass alle Pflanzen- und Tierarten vor langer Zeit erschaffen worden seien und unverändert geblieben wären, bis

- **B** zum 17. Jh.
- **O** zum 18. Jh.
- **H** zum 19. Jh.
- **J** zum 16. Jh.

Haben Organe verschiedene Aufgaben, aber einen ähnlichen Bauplan, spricht man von

- **P** homophoben Organen.
- **M** homogenen Organen.
- **E** hominiden Organen.
- **N** homologen Organen.

LÖSUNGSWORT: . . . .

10. ENTWICKLUNG DES MENSCHEN

Das Wissen über die Menschwerdung

Fossilienfunde geben auch Auskunft über die Entwicklungsgeschichte des Menschen. Aufgrund dieser Funde weiß man heute, dass der Mensch zu den **Primaten** gehört. Die Primaten sind eine Tiergruppe, zu der neben dem Menschen alle heute lebenden Affen und Halbaffen gehören. Dies bedeutet, dass die heutigen Affen und der Mensch gemeinsame Vorfahren haben. Moderne **biochemische Untersuchungsmethoden** wie der Vergleich der DNA belegen unsere Verwandtschaft mit den heutigen Affen. So stimmt unser **Gen**material zu 99 % mit dem der Schimpansen überein.

Die Entwicklung des Menschen und der Affen kannst du dir dabei wie einen verzweigten Ast vorstellen. Der Mensch wäre gemeinsam mit den heute lebenden Affenarten an den äußersten Zweigen zu finden. Innerhalb der **Gruppe der Primaten** gehört der Mensch zur Familie der **Hominiden** oder **Menschenaffen**.

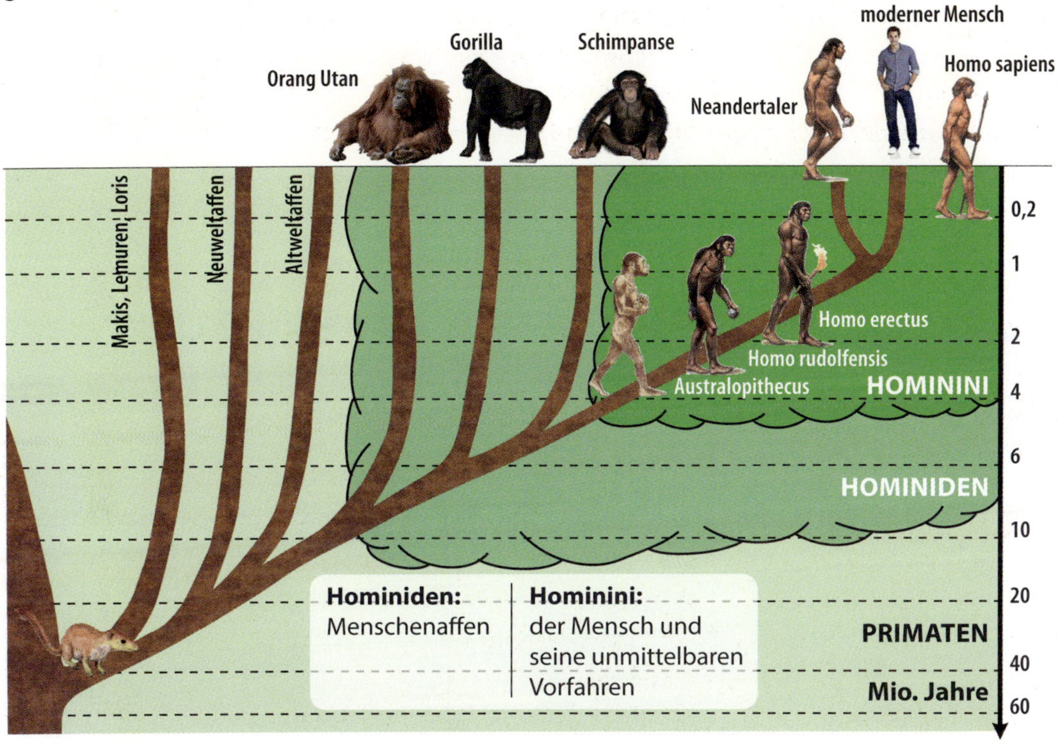

Vermutliche Entwicklungsstufen des Menschen

Die gemeinsamen Vorfahren der heutigen Affen und des Menschen lebten vermutlich in **Waldgebieten in Ostafrika**. Da die Bedingungen für die Erhaltung von Fossilien in dieser Umgebung äußerst ungünstig sind, weiß man wenig über sie. Ihre Arme und Beine waren etwa gleich lang, ihre Schädel schimpansenähnlich und ihre Augenwülste gering ausgebildet.

Als es in Afrika zu einer Klimaveränderung kam, bildeten sich die Wälder zurück. Einige unserer gemeinsamen Vorfahren folgten den zurückweichenden Wäldern. Diese waren die Vorfahren von Gorillas, Schimpansen und Orang-Utans. Andere besiedelten das savannenähnliche Grasland. Durch die neuen Lebensbedingungen kam es zur Selektion von anderen Merkmalen. So entwickelte sich der aufrechte Gang. Vor 7 bis 8 Mio. Jahren entstanden aus ihnen die **Hominini**. Sie waren die direkten Vorfahren des heutigen Menschen.

Affen und Menschen haben sich seitdem unabhängig voneinander weiterentwickelt, bis sie ihr heutiges Aussehen erlangten.

Blättere zurück zum Kapitel Erdzeitalter – Erdurzeit und sieh nach, wie spät der Mensch im Verhältnis zur Entwicklung der Lebewesen in Erscheinung trat!

Gen: Erbanlage

Charles Darwin
behauptete als Erster 1871, dass es eine Verwandtschaft des Menschen mit den Affen gibt. Seine Aussage, dass sie sich gemeinsame Vorfahren teilen, war damals sehr umstritten.

Darwin-Karikatur: 1871 im Magazin „The Hornet" erschienen

Karikatur: komisch überzeichnete Darstellung von Menschen und gesellschaftlichen Zuständen

Interessant zu wissen
Unsere Vorfahren mussten sich auf die Hinterbeine stellen, um im hohen Gras Ausschau halten zu können. Dadurch wurden die Hände frei und die Augen verlagerten sich nach vorne. Diese Entwicklung war ein wichtiger Schritt hin zum modernen Menschen.

Erkläre: Warum ist es falsch zu sagen, dass der Mensch vom Affen abstammt?

Homo: Gattung der Menschenaffen (Hominiden), zu der der Mensch und seine nächsten ausgestorbenen Vorfahren gehörten; unterscheiden sich vom Australopithecus dadurch, dass sie bereits Werkzeug benutzten

fliehend: zurückweichend

Der sensationelle Fund von „Lucy"
Lange Zeit war man der Ansicht, dass die ersten Hominini vor ca. 2 Mio. Jahren entstanden waren. Dann wurde das **3,2 Mio.** Jahre alte Skelett von „Lucy" in Äthiopien gefunden. Man erkannte, dass es schon wesentlich früher Hominini gegeben hatte.

Stufen der Entwicklung der Menschen

AUSTRALOPITHECUS: In Süd- und Ostafrika wurden in den letzten Jahrzehnten viele Schädel, Knochen und Fußspuren der Hominini gefunden. Diese Funde belegen, dass in Afrika vor etwa 3,2 Mio. Jahren Hominini gelebt hatten, die bereits aufrecht gingen. Man gab ihnen den Namen **Australopithecus**, was so viel heißt wie „südlicher Affenmensch". Der Australopithecus wurde etwa 1,1 bis 1,5 m groß und hatte ein Gehirnvolumen von etwa 500 cm^3.

HOMO RUDOLFENSIS: Vor etwa 2,5 Mio. Jahren lebten in Afrika die ersten Vertreter der Gattung **Homo**, die bereits aus Holz und Knochen brauchbare Werkzeuge herstellten konnten. Unser direkter Vorfahre war der **Homo rudolfensis**. Er hatte ein Gehirnvolumen von etwa 750 cm^3.

HOMO ERECTUS: Der „aufrecht gehende Mensch" lebte vor ca. 2 Mio. Jahren. Er verwendete bereits **Faustkeile** und konnte mit dem **Feuer** umgehen. Sein Skelett unterscheidet sich kaum mehr von dem des heutigen Menschen. Er war auch schon größer als 1,5 m, hatte aber noch eine **fliehende** Stirn, große Augenwülste und ein fliehendes Kinn. Das Volumen seines Gehirns betrug bereits bis zu 1 200 cm^3.

Homo erectus setzte viele sorgfältig bearbeitete Werkzeuge ein und konnte wahrscheinlich bereits Feuer entzünden. Vermutlich konnte sich der Homo erectus mit seinen Artgenossen bereits durch **einfache Laute** verständigen.

HOMO SAPIENS: Der „vernunftbegabte Mensch" trat vor ca. 200 000 Jahren erstmals auf. Werkzeuge aus dieser Zeit waren bereits fein bearbeitet. Der Homo sapiens entwickelte bereits eine höhere Kultur. **Höhlenmalereien** oder das **Bestatten der Toten** zeugen davon. Er ist der moderne Mensch, auch wir gehören zu dieser Art. Unser Gehirn hat ein Volumen von ca. 1 300 cm^3.

NEANDERTALER: ist ein enger Verwandter des Homo sapiens. Er ist kein Vorfahr des modernen Menschen, sondern beide Arten entwickelten sich aus einem gemeinsamen Vorfahren.

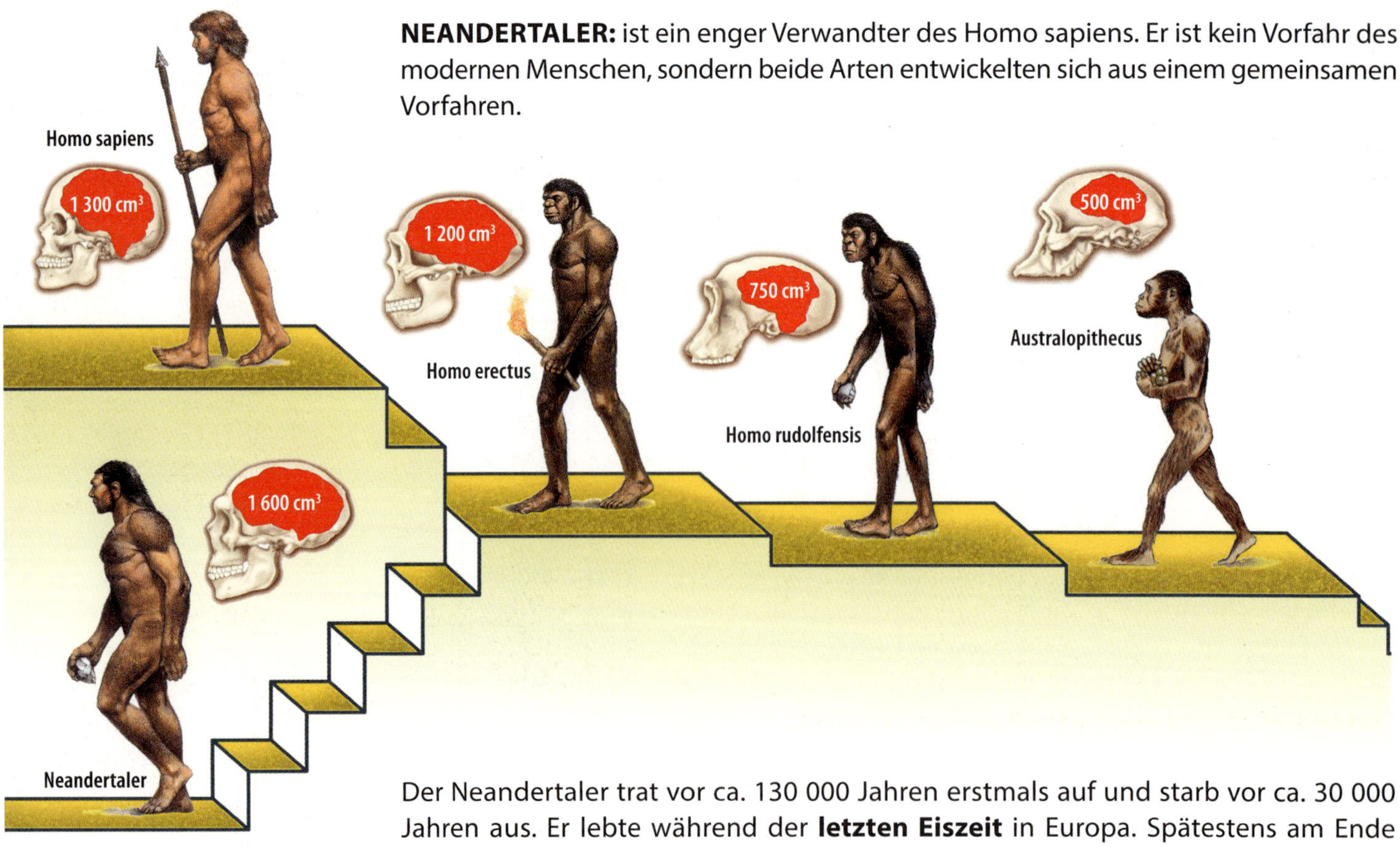

Der Neandertaler trat vor ca. 130 000 Jahren erstmals auf und starb vor ca. 30 000 Jahren aus. Er lebte während der **letzten Eiszeit** in Europa. Spätestens am Ende der Eiszeit dürfte er ausgestorben sein. Sein Gehirn war mit einem Volumen von ca. 1 600 cm^3 größer als das des Homo sapiens.

Unterschiede zwischen Menschen und Gorillas

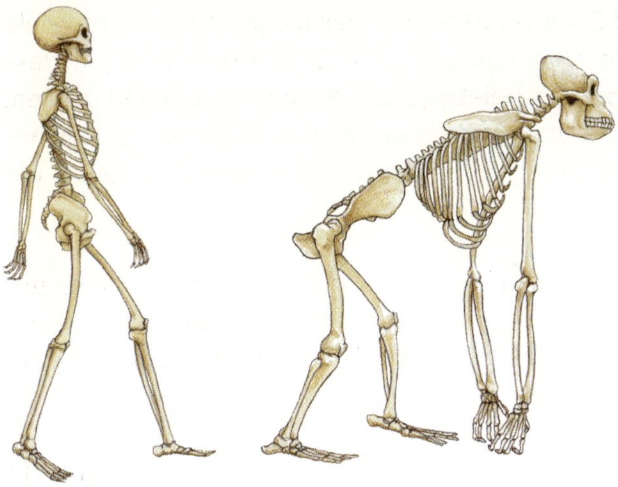

Skelett des Menschen und Skelett des Gorillas

Ein sehr wesentlicher Unterschied zwischen Menschen und Gorillas ist die Art der **Fortbewegung**. Gorillas sind geschickte Kletterer, die, wenn sie am Boden laufen, ungeschickt wirken. Sie stützen sich meist mit den Armen am Boden ab.

Der Mensch geht aufrecht. Sein Skelett ist an den **aufrechten Gang** angepasst. Seine Kniegelenke, aber auch die Wirbelsäule können die hohen Belastungen des aufrechten Gangs abfedern. Die Fußwölbung dämpft die Erschütterungen des Auftretens. Auch das verbreiterte Becken kann die inneren Organe beim aufrechten Gang besser tragen.

Das **Gehirn** des Menschen ist im Vergleich zum Gorilla etwa 4-mal so groß. Vor allem das Großhirn ist hoch entwickelt, es ermöglicht die besonderen geistigen Fähigkeiten wie Denken, Planen und Überlegen, aber auch das Lernen. Die Augenwülste des Menschen sind wesentlich kleiner als die der Gorillas.

Das Gesicht des Menschen ist eher flach, während Gorillas große Wülste über den Augen und verlängerte Ober- und Unterkiefer haben.

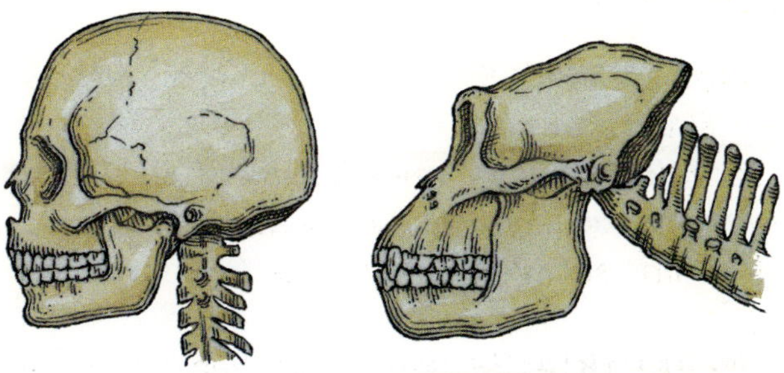

Vergleich Schädel: Mensch und Gorilla

Der Mensch ist besonders geschickt mit seinen Händen. Er hat dafür spezielle **Greifhände** ausgebildet. Gorillas haben hingegen wesentlich **beweglichere Füße**. Wie der Daumen des Menschen kann bei ihnen die große Zehe zum Greifen genutzt werden. Sie benötigen diese Fähigkeit zum Klettern.

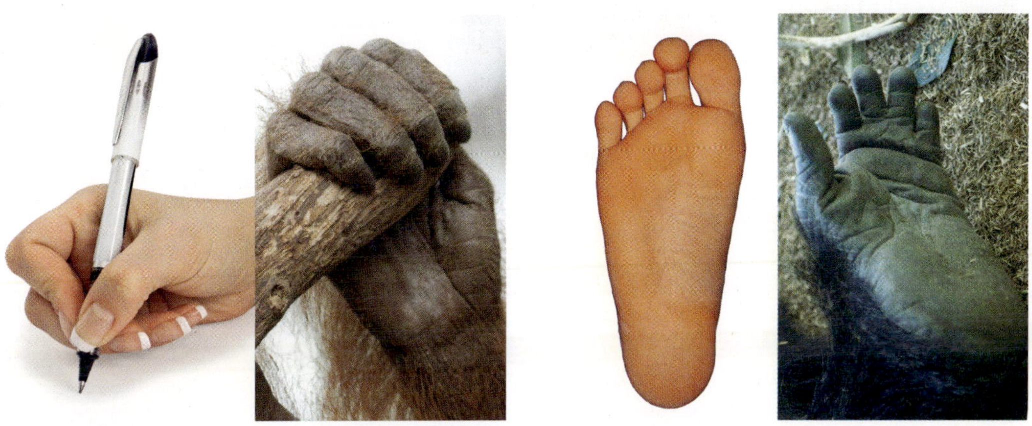

Vergleich Hände und Füße zwischen Mensch und Gorilla

Der aufrechte **Gang**, das größere **Gehirn** und geschickte **Greifhände** sind die drei **Bedingungen für die Menschwerdung**. Eine Weiterentwicklung in einem dieser drei Bereiche bewirkt auch einen Fortschritt in den anderen beiden Bereichen.

Mit ihren Händen können Primaten Gegenstände greifen. Abgesehen vom Menschen können sie ihre große Zehe den anderen Zehen gegenüberstellen. Neben dem Menschen gehören alle heute lebenden Affen, Lemuren, und Loris zu den Primaten.

Lemur

Lori

Mandrill

Schimpanse

BEMERKENSWERT!
Vor etwa 1,2 Mio. Jahren war die Haut aller lebenden Menschen dunkel. Dunkle Haut ist eine Folge des Verlustes der Körperbehaarung und schützt vor intensiver Sonneneinstrahlung.

Ein Blick in die Zukunft
Derzeit leben etwas mehr als 7 Milliarden Menschen auf der Erde. Ihre Anzahl wird in Zukunft weiter ansteigen. Die natürliche Selektion, die für die Weiterentwicklung von Arten sorgt, wird durch die medizinische Versorgung und durch kulturelle Einflüsse beim Menschen abgeschwächt. Dies wird zu einer Verlangsamung der Evolution führen.

Anthropologe/ Anthropologin: beschäftigt sich mit der Lehre vom Menschen

Diskutiert in der Klasse: Wie schaut das Leben des heutigen Menschen aus, was sind seine Werkzeuge, wer sind seine Feinde?

Menschen und Menschenaffen haben **gemeinsame Vorfahren**. Sie unterscheiden sich hauptsächlich durch den aufrechten **Gang**, das größere **Gehirn** und die geschickten **Greifhände**. Im Laufe der Entwicklung des Menschen ist sein Gehirn immer größer geworden.

Menschen heute

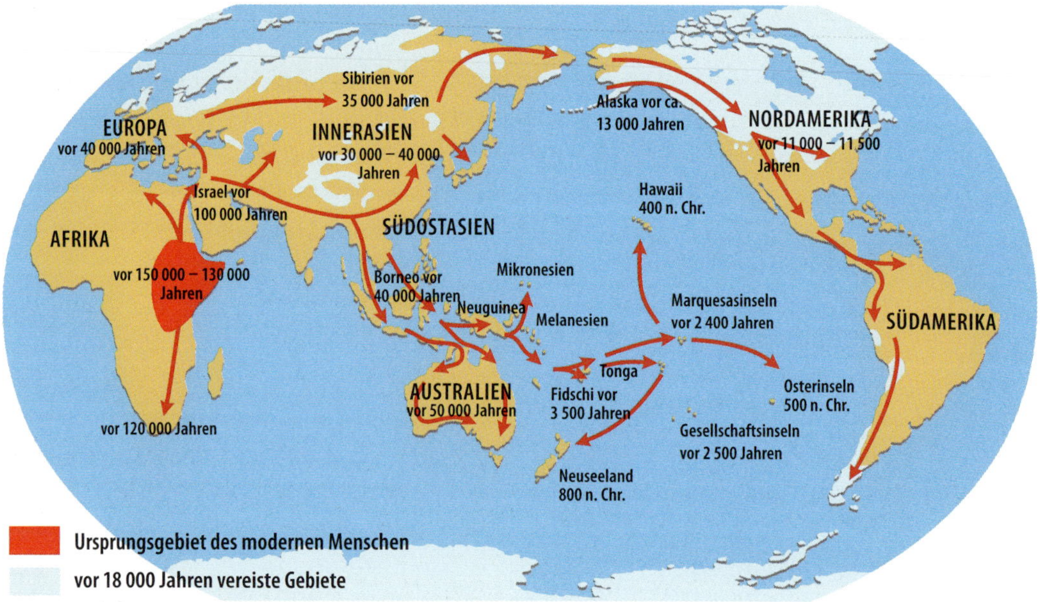

Ausbreitung des modernen Menschen: Diese konnte aufgrund von Fossilienfunden rekonstruiert werden.

Menschen sehen aufgrund von Hautfarbe, Körpergröße, Körperbau, Haarfarbe usw. sehr unterschiedlich aus. Die Menschen leben auch in **unterschiedlichen Kulturkreisen**, deshalb unterscheiden sie sich auch sehr hinsichtlich Kleidung, Schmuck und Verhalten. **Genetisch** sind sie einander jedoch **sehr ähnlich**. So stimmen zwei Menschen, die nicht miteinander verwandt sind, genetisch zu 99,9 % überein!

Die genetischen **Variationen** (Abweichungen) innerhalb einer Bevölkerungsgruppe wie den Europäern sind größer als die zwischen verschiedenen Gruppen (Europäer und Afrikaner). Dies bedeutet, dass sich zwischen den einzelnen Menschengruppen aufgrund von genetischen Unterschieden keine exakten Grenzen feststellen lassen. So gehen auch 3/4 der Farbunterschiede von Haut, Haaren und Augen auf sehr geringe genetische Unterschiede zurück, der Rest lässt sich auf Umweltfaktoren wie Sonnenlicht, Ernährung usw. zurückführen.

Früher wurde versucht, die Menschen in einzelne „**Rassen**“ einzuteilen. Da die Unterschiede zwischen den Menschen jedoch sehr gering sind und die Grenzen zwischen den Menschen einzelner Gruppen nicht genau festgelegt werden können, wird der Begriff „Rasse“ auch von **Anthropologen** und **Anthropologinnen** nicht mehr verwendet.

Menschen unterschiedlicher Herkunft

Nun geht's los – Aufgaben für schlaue Köpfe!

1) Was sind die wesentlichen Unterschiede zwischen Menschen und Gorillas? **Benenne den dargestellten Unterschied und beschreibe, was dieser Unterschied für den Menschen bedeutet! ★★★★**

Unterschied: ______________________

Auswirkung: ______________________

____

____

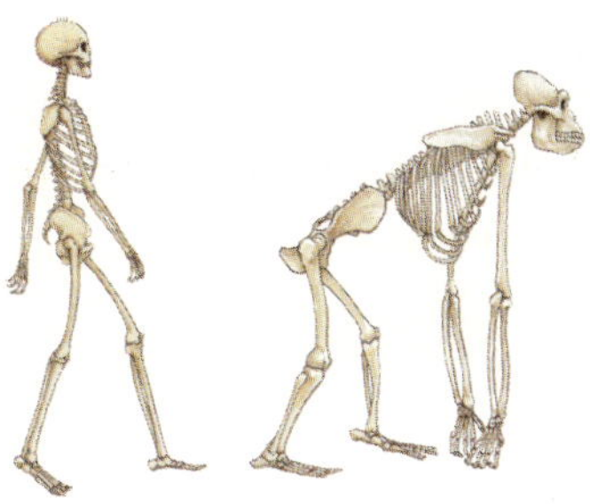

Unterschied: ______________________

Auswirkung: ______________________

____

____

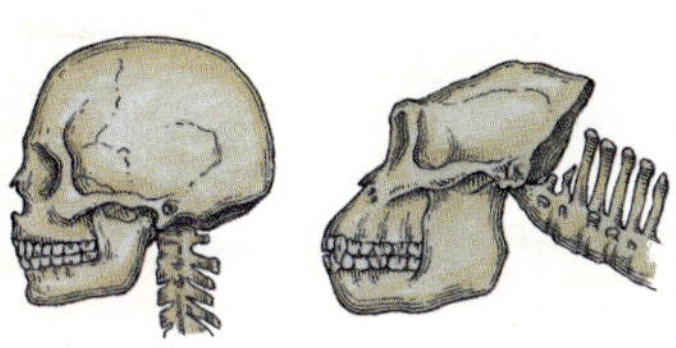

Unterschied: ______________________

Auswirkung: ______________________

____

____

2) Hier ist einiges durcheinander geraten! **Finde die Aussagen, die zusammengehören und markiere diese mit gleicher Farbe! Zum Schluss schreibe sie geordnet in dein Heft! ★★**

haben genetisch 99,9 % gemeinsam!

der Rest lässt sich auf Umweltfaktoren wie Sonnenlicht, Ernährung usw. zurückführen.

genetisch sehr ähnlich.

Die genetischen Variationen innerhalb einer Bevölkerungsgruppe ...

Drei Viertel der Farbunterschiede von Haut, Haaren und Augen gehen auf sehr kleine genetische Unterschiede zurück, ...

Menschen sind einander ...

Zwei Menschen, die nicht miteinander verwandt sind, ...

sind größer als die zwischen verschiedenen Gruppen.

Nun geht's los – Aufgaben für schlaue Köpfe!

3) **Ausbreitung des Menschen** – In diesem Text erfährst du viel Neues darüber, wie sich der moderne Mensch über die Erde ausgebreitet hat. **Lies zunächst den Text! Dann trage in die Felder der Weltkarte ein, wann die Menschen erstmals in diesen Gebieten auftauchten! ★★★**

Die ersten vernunftbegabten Menschen lebten vor etwa 200 000 Jahren in Ostafrika. Vor ca. 150 000 Jahren war ihre Zahl so stark angestiegen, dass sich einzelne Gruppen auf den Weg machten, um neue Gebiete zu besiedeln. Einige wandten sich nach Süden und breiteten sich über das südliche Afrika aus. Ungefähr 30 000 Jahre später erreichten die ersten Menschen die Südspitze Afrikas.

Andere Gruppen zogen nach Norden. Sie überquerten die Landenge von Sinai, die Afrika und Asien verbindet. Vor etwa 110 000 Jahren tauchten die ersten Menschen im Gebiet des heutigen Israel auf. Vor 80 000 Jahren änderte sich das Klima im Mittelmeerraum. Die durchschnittlichen Jahrestemperaturen sanken um 10 °C. Dieser Klimaumschwung setzte dem weiteren Ausbreiten des Menschen ein vorläufiges Ende.

Nachdem das Klima wieder milder geworden war, setzten die Menschen ihre Wanderungen wieder fort. Vom Nahen Osten ausgehend breiteten sie sich sowohl nach Westen als auch nach Osten aus. Die nach Westen ziehenden Gruppen besiedelten zunächst die heutige Türkei, dann zogen sie über den Balkan und die Küste des Schwarzen Meeres weiter nach Mitteleuropa und von dort nach Westeuropa. Vor ca. 40 000 Jahren erreichten die ersten Menschen die Atlantikküste im heutigen Portugal. Einige Menschengruppen zogen nördlich des Schwarzen Meeres nach Osten und besiedelten das nördliche Asien. Vor etwa 35 000 Jahren erreichten sie das heutige Sibirien.

Die Gruppen, die vom nahen Osten aus östlich gezogen waren, besiedelten das südliche und südöstliche Asien und kamen vor etwa 35 000 Jahren im heutigen China an. Von Südostasien aus drangen sie über die indonesische Inselwelt auch bis nach Australien vor, wo die ersten Menschen vor etwa 50 000 Jahren angekommen sein dürften. Während der letzten Eiszeit lag der Wasserspiegel der Weltmeere wesentlich tiefer als heute. Die Beringstraße, die heute Asien und Nordamerika voneinander trennt, war damals trockenes Land. Vor etwa 13 000 Jahren drangen Menschen über diese Landbrücke nach Alaska vor und erreichten damit erstmals amerikanischen Boden. Der Weg nach Süden war jedoch durch Gletscher versperrt. Erst vor ca. 11 500 Jahren war das Eis so weit zurückgewichen, dass sich die Menschen nach Süden ausbreiten konnten und nur etwa 1 000 Jahre später erreichten sie die Südspitze Amerikas.

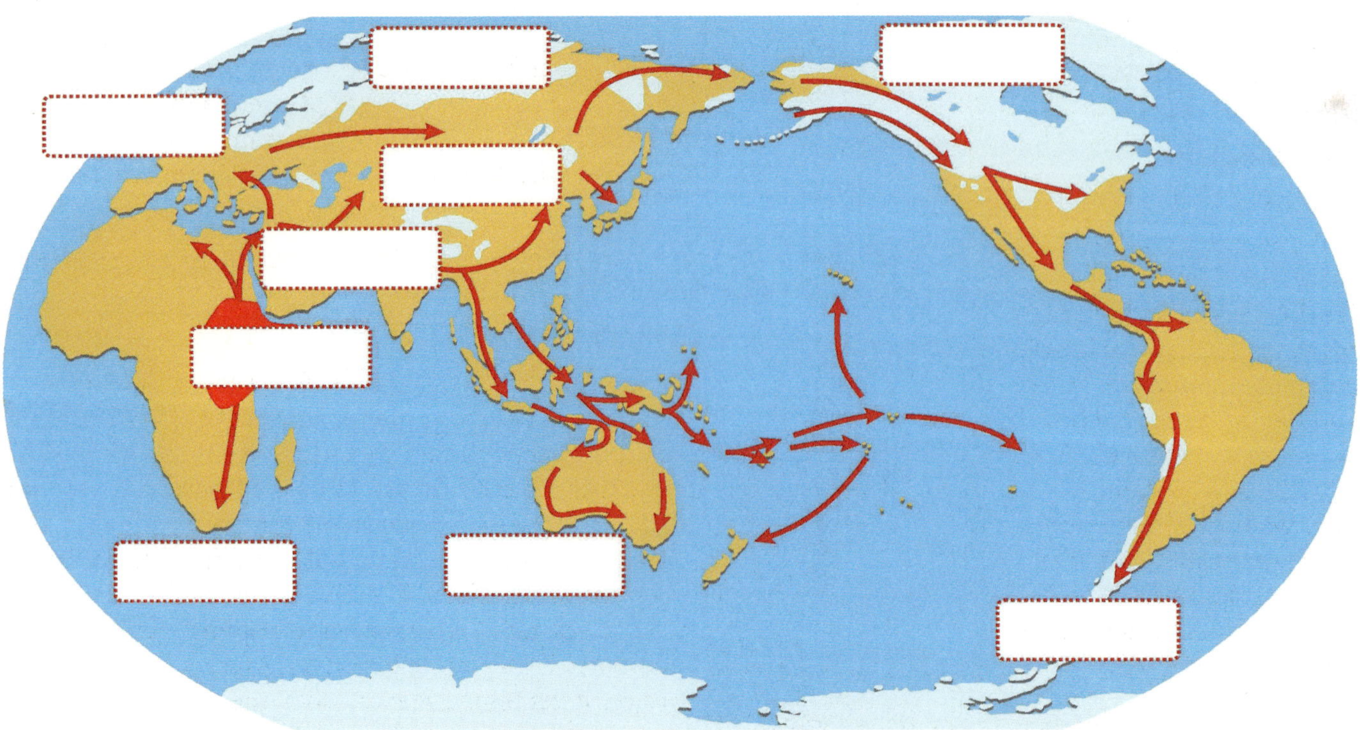

Saurier – Giganten des Erdmittelalters

Der Längste

Der **Diplodocus** wurde bis zu 27 m lang, allerdings nur ca. 10 t schwer. Seinen langen Schwanz, der aus etwa 80 Schwanzwirbeln bestand, verwendete er wie eine Peitsche zur Verteidigung.

Der Größte

Der **Brachiosaurus** war das größte Landtier, das jemals auf der Erde gelebt hat. Er wurde bis zu 44 t schwer, sein Gewicht entspricht damit dem von 15 Elefanten.

Herrscher der Lüfte

Der Flügel der **Pterosaurier** wurde durch einen stark verlängerten vierten Finger gehalten. Am Boden konnte das Tier den Finger zurückbiegen. So bewegte er sich wie ein Vierfüßer auf den drei freien Fingern an den Vordergliedmaßen.

Der Schnellste

Der **Struthiomimus** war ähnlich gebaut wie heutige Straußenvögel, möglicherweise trug er auch Federn. Wie die Vögel hatte er hohle Knochen. Er war etwa 3 ½ m lang und wog ca. 100 kg.

Der Kleinste

Der **Compsognathus** hatte mit einer Länge von maximal 60 cm die Größe eines Huhnes und wog etwa 3 kg.

Der Bewegliche

Der **Ichthyosaurier** hatte einen großen Kopf mit langen, spitzen Kiefern. Mit seinen paddelförmigen Gliedmaßen war er im Wasser sehr beweglich. Er jagte Kopffüßer, Weichtiere und Fische. In der Kreidezeit starb er aus.

Dinosauriereier

Selbst die Eier der größten Dinosaurier waren nicht viel größer als die Eier des heutigen Strauß. So ist das größte jemals gefundene Dinosaurierei 30 cm lang und 25 cm breit und hat ein Volumen von etwa 3 l. Es ist also etwa so groß wie ein Fußball. Wären die Eier noch größer gewesen und hätten sie eine noch dickere Schale gehabt, hätten die Jungen nicht mehr schlüpfen können.

IST DAS EIN DINOSAURIER?

Nein, denn die Dinosaurier starben vor etwa 65 Mio. Jahren aus. Allerdings gibt es auch heute noch Tiere, deren Aussehen uns an Dinosaurier erinnert. Bei diesem Tier handelt es sich um eine Meerechse, eine auf den Galapagos-Inseln (Ecuador) vorkommende Leguanart. Es wird etwa 1,5 m lang und ist völlig harmlos. Seine Nahrung sucht es sich im Meer, wo es, weil es ein wechselwarmes Tier ist, nur eine begrenzte Zeit (halbe Stunde) nach Algen suchen kann. Anschließend muss es sich in der Sonne wieder aufwärmen.

Eiszeitliche Tiere

Der Lebensraum des **Höhlenbären** war Europa. Seine Kopf-Rumpflänge betrug bis zu 3,5 m. Mit einer Schulterhöhe von ca. 1,70 m war er deutlich größer als der heutige Braunbär.

Die **Mastodonten** gelten als Vorfahren der Elefanten. Sie waren kleiner als die Elefanten, besaßen einen längeren Schädel und hatten mit Höcker geprägte Backenzähne. Im Gegensatz dazu besitzen Elefanten Lamellenzähne, mit denen sie Gräser kauen können. Die verlängerten Schneidezähne der Mastodonten waren zu Stoßzähnen ausgebildet.

Die **Säbelzahnkatze** hatte extrem lange, gebogene Eckzähne, die bis zu 28 cm lang waren. Wie heutige Raubkatzen lauerte die Säbelzahnkatze ihrer Beute auf und packte sie am Hals. Dabei konnte sie ihren Unterkiefer in einem 95°-Winkel aufreißen und ihre langen Zähne voll einsetzen. Die meisten Säbelzahnkatzen waren recht klein, teilweise kleiner als Leoparden oder ein Ozelot. Einige Arten wurden jedoch sehr groß. Die größte Art war der südamerikanische Säbelzahntiger, der eine Schulterhöhe von etwa 1,20 m erreichte.

DER NEANDERTALER IN UNS

Durch den Vergleich des genetischen Materials von heutigen Menschen und Neandertalern konnten Forscher und Forscherinnen feststellen, dass es zu einer Vermischung von Menschen und Neandertalern gekommen war. Dies geschah, als beide vor etwa 70 000 Jahren das gleiche Gebiet im Nahen Osten bewohnten. Die heutigen Afrikaner oder Afrikanerinnen tragen jedoch keine Neandertaler-Gene in sich, da sich nur die Menschengruppen mit den Neandertalern mischten, die Afrika bereits verlassen hatten.

KURZMELDUNG: Sensationsfund in Sibirien

Ein tiefgefrorenes Mammutbaby wurde 1977 im Permafrostboden in Sibirien gefunden. Seine Haut, das weiche Gewebe und die roten Blutkörperchen waren völlig unversehrt. Sogar sein Mageninhalt war so frisch wie vor 35 000 Jahren. Das Mammutbaby erhielt den Namen „Dima".

Buchtipps

John Malam, John Woodward: Dinosaurier: Ein Atlas der Urzeit. Dorling Kindersley Verlag, München, 2007.

Christian Spaeth: WAS IST WAS? Band 38: Säugetiere der Vorzeit. Tessloff Verlag, Nürnberg, 2010.

Werner Buggisch: WAS IST WAS? Band 69: Fossilien. Tessloff Verlag, Nürnberg, 2010.

Woodward, John: WOW! Erde. Dorling Kindersley Verlag, München, 2009.

Josef H. Reichholf, Fritz Wendler: Das Rätsel der Menschwerdung: Die Entstehung des Menschen im Wechselspiel der Natur. DTV, 1997.

Unglaublich, aber wahr!

- Nachdem die Erde ein wenig abgekühlt war, setzte ein Dauerregen ein, der 40 000 Jahre anhielt. Während dieses Regens entstanden die Meere.
- Die Erde nimmt auch heute noch an Masse zu. Täglich fallen ca. 40 t Material – meist in Form von Staub aus dem Weltall – auf die Erde. Außerdem schlagen jährlich etwa 20 000 Meteoriten auf der Erdoberfläche ein.
- Seitdem es Leben auf der Erde gibt, kam es 6-mal zu einem Massenaussterben. Dabei verschwanden bis zu 80 % der Tier- und Pflanzenarten.
- Das siebente Massenaussterben dürfte vom Menschen verursacht werden.

11. AUFGABEN DER GEOLOGIE

Wenn du Dinge des täglichen Lebens eines Menschen betrachtest, wird dir auffallen, dass es sich dabei um **Materialien** aus der belebten und der unbelebten Natur handelt.

Verschiedene Gegenstände aus unserem Alltagsleben

Welches der beiden Fotos zeigt Gegenstände, die von Lebewesen stammen? Aus welchen Materialien bestehen die anderen Gegenstände? Woher stammen sie?

Viele der Stoffe, die wir verwenden und benötigen, stammen nicht aus der belebten Natur. Die Wissenschaft, die sich mit dem **Finden und Gewinnen** dieser **Rohstoffe** beschäftigt, ist die **Geologie**. Sie erforscht den Aufbau und die Zusammensetzung der Erde und der Gesteinsschichten.

Die Geologie liefert die Grundlagen für die **Energieversorgung** und die **Rohstoffversorgung**:

- Gewinnung von **Trinkwasser**
- Gewinnung von **fossilen Brennstoffen** wie **Erdöl, Erdgas und Kohle**
- Gewinnung von Metallen und **Nichtmetallen**
- Gewinnung von Rohstoffen für die **Kernenergie**
- Gewinnung von **Erdwärme** (Geothermie)
- sichere Nutzung des Untergrundes für bauliche Tätigkeiten

Die Wissenschaftler und Wissenschaftlerinnen, die diese Bereiche erforschen, heißen **Geologen** und **Geologinnen**. Sie müssen dazu ganz genau über die Gebiete, in denen sie wissenschaftlich tätig sind, Bescheid wissen. Geologen und Geologinnen verwenden oder zeichnen dafür **geologische Karten**. Diese sind Landkarten, welche die geologischen Verhältnisse eines bestimmten Gebietes darstellen.

Das Erstellen solcher Karten wird als geologische **Kartierung** bezeichnet. Auch diese Tätigkeit zählt zu den Hauptaufgaben der Geologie. In Österreich sorgt die Geologische Bundesanstalt (GBA) für die **geologische Landesaufnahme**.

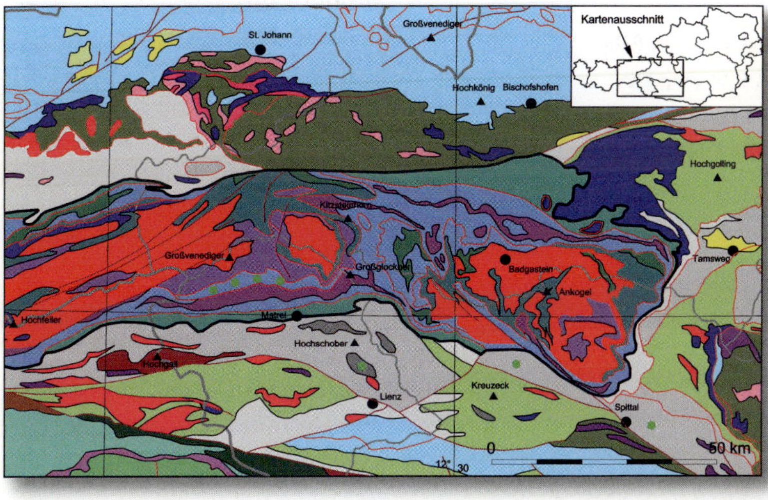

Ausschnitt einer geologischen Karte des Tauernfensters (Teil der Alpen)

Geo: auf die Erde bezogen; von griechisch Gea: die Erde

fossile Brennstoffe: Energie liefernde Stoffe, die aus abgestorbenen Pflanzen und Tieren entstanden sind, die vor Millionen von Jahren lebten und in der Erde eingeschlossen wurden

Nichtmetalle: Stoffe, die keine Metalle sind; werden z. B. zur Herstellung von Baustoffen oder in der chemischen Industrie benötigt

Kernenergie: Energie, die durch Vorgänge in Atomkernen bestimmter Stoffe entsteht

Erdwärme: Wärme, aus dem Erdinneren, die zu einem kleinen Teil auch in den oberen Erdschichten gespeichert ist

Kartierung: Erstellen einer Landkarte bzw. Einzeichnen bestimmter wissenschaftlicher Beobachtungen in eine Karte

Suche in deinem Atlas das auf der geologischen Karte abgebildete Gebiet und die angegebenen Städte!

Recherchiere auf der Homepage der GBA über deren Tätigkeiten und über die Aufgaben der Geologie! www.geologie.ac.at

Unser Rohstoffverbrauch

Wie wichtig die **Erkenntnisse der Geologie** für uns alle sind, zeigt sich ganz besonders im Zusammenhang mit unserem **Bedarf** und **Verbrauch** an **Rohstoffen**. Durchschnittlich verbraucht jeder Mensch im Laufe von 70 Jahren ungefähr **1 100 t Rohstoffe**, das entspricht fast 55 LKW-Ladungen. Den größten Anteil haben mit 460 Tonnen Sand, Kies und Naturstein für Straßen, Gebäude, Beton und Glas.

Symbol für eine LKW-Ladung

Rohstoffe	Verbrauch in 70 Lebensjahren	Wichtig für folgende Produkte
Sand, Kies, Naturstein	460 t	Straßen, Glas, Gebäude, Beton
Stein	245 t	Mauersteine, Pflastersteine
Erdöl	166 t	Benzin, Diesel, Kunststoffe
Kohle	145 t	Heizen (von Kraftwerken zur Stromgewinnung), Stahlerzeugung
Eisen	40 t	Stahl für Autos, Maschinen, Stahlbau
Salz	13 t	Speisesalz, chemische Industrie
Holz	**8 t**	**Bauholz, Brennholz, Papierherstellung**
Phosphate	4 t	Düngemittel, Lebensmittelindustrie
Schwefel	2 t	Autobatterien, Autoreifen, chemische Industrie
Aluminium	1t	Autos, Elektronik, Verpackung
Kalium	1t	Düngemittel
Kupfer	1t	Stromleitungen, Drähte

Phosphate: Salze, die das Element Phosphor enthalten

Überlege, warum in dieser Tabelle die Zeile für Holz in grüner Farbe gedruckt wurde!

Wichtige Rohstoffe

Rohstoffe kommen nur sehr selten so in der Natur vor, dass sie direkt genützt werden können. Orte, an denen sie gefunden werden und abgebaut werden können, heißen **Lagerstätten**.

Die **Geologie** beschäftigt sich mit der Erforschung des **Aufbaus** und der **Zusammensetzung** unserer **Erde** und der **Gesteinsschichten**. Geologen/Geologinnen liefern das Wissen für das **Finden** und den **Abbau** von **Rohstoffen**. Dazu erstellen sie **geologische Karten**, die den Aufbau eines Gebietes darstellen. **Jeder Mensch** verbraucht im Laufe seines Lebens etwa **1 100 t Rohstoffe**.

Nun geht's los – Aufgaben für schlaue Köpfe!

1) **Überlege, aus welchen Materialien die aufgelisteten Gegenstände hergestellt werden!** Welche Gegenstände wurden vorwiegend aus Rohstoffen hergestellt, bei deren Auffindung und Gewinnung die Geologie eine wichtige Rolle spielt? **Ordne die Gegenstände richtig in die Liste ein! ★★★**

Hamburger

Käse

Handy

Brille

Kamera

Popcorn

Pizza

Treibstoff & Kanister

Batterien

Auto

Mineralwasser & Mineralwasserflasche

Kochsalz

Lederschuhe

Rohstoffe mit **geologischem** Ursprung	Rohstoffe mit **anderem** Ursprung

Nun geht's los – Aufgaben für schlaue Köpfe!

2) **Rohstoffe in Österreich** – **Lies diese Informationstexte über die Rohstoffförderung in Österreich aufmerksam durch!**

KOHLE
Obwohl Geologen/Geologinnen vermuten, dass es in Österreich noch 333 Mio. t Braunkohle gibt, wird bei uns seit 2006 keine Kohle mehr abgebaut.

EISEN
Im Jahr 2010 wurden in Österreich knapp 2 Mio. t eisenhältiges Gestein abgebaut. Die größte Lagerstätte ist der Erzberg in der Steiermark.

WOLFRAM
Bei Mittersill in Salzburg wurden 2010 etwa 3 800 t Wolfram aus dem Gestein gewonnen. Wolfram wird für Glühbirnen verwendet, dient aber auch zur Herstellung von besonders hartem Stahl.

ERDÖL
In Österreich wird auch Erdöl gefördert. Im Jahr 2010 waren es ca. 876 000 t.

SALZ
Salz wird bei uns seit vielen tausend Jahren abgebaut. Heute werden jährlich mehr als 1 Mio. t Salz gewonnen. Neben Speisesalz wird es auch als Rohstoff für die chemische Industrie und als Auftausalz gegen Straßenglätte verwendet.

KALKSTEIN
In unserem Land werden jährlich etwa 14 Mio. t Kalkstein abgebaut. Dieser wird zu Kalk und Zement als Baustoffe weiterverarbeitet.

MAGNESIT
In Österreich wurden 2010 rund 600 000 t Magnesit abgebaut. Magnesit wird vor allem für die Herstellung von feuerfesten Baustoffen verwendet.

ERDGAS
In unserem Land werden jährlich etwa 9 Milliarden m³ Erdgas verbraucht. Rund 1,7 Milliarden m³ davon werden in Österreich gefördert, der Rest muss aus anderen Ländern eingeführt werden.

3) **Nun finde heraus, welche der Aussagen richtig und welche falsch sind!** Tipp: Ob du richtig liegst, siehst du am Lösungswort. ★★

	richtig	falsch
Österreich ist eines der wichtigsten Kohleförderländer Europas.	M	R
Magnesit wird zur Herstellung von feuerfesten Baustoffen verwendet.	O	N
In Österreich wird heute kein Erdöl mehr gefördert.	B	H
Das in Österreich geförderte Salz wird ausschließlich als Speisesalz verwendet.	E	S
Die wichtigste Lagerstätte für Eisen in Österreich liegt in der Steiermark.	T	L
2010 wurden bei Mittersill 3 800 t Wolfram abgebaut.	O	D
In Österreich wird mehr Erdgas gefördert als verbraucht wird.	U	F
Kalk wird für die Herstellung von Baustoffen verwendet.	F	K

LÖSUNGSWORT: . . . .

12. GESTEINSARTEN UND KREISLAUF DER GESTEINE

Der Gesteinsuntergrund eines bestimmten Ortes ist zwar nicht immer sichtbar, er ist aber stets vorhanden.

Gesteinsuntergrund (Kalk) im Wald

Gesteinsdecke im Hochgebirge

Wenn wir uns verschiedene Steine ansehen, fällt auf, dass sie aus unterschiedlichsten Materialien aufgebaut sind.

Kiesel aus dem Flussbett eines Wildflusses

Die Grundbausteine von Gesteinen sind **Minerale**. Viele Minerale bilden **Kristalle** aus, die nicht immer mit freiem Auge sichtbar sein müssen.

An fast jedem Ort der Erde kommen ganz charakteristische Gesteine und Mineralien vor. Die Entstehung der Gesteine lässt sich auf drei Vorgänge zurückführen: auf Erstarrung, Ablagerung und Umwandlung.

Erstarrungsgesteine – magmatische Gesteine

Wie du bereits aus dem Kapitel Aufbau der Erde weißt, befinden sich unter den Platten der Erde geschmolzene Gesteinsmassen, das **Magma**. Gesteine, die durch Abkühlung von flüssigem Magma entstanden sind, nennt man Erstarrungsgesteine oder **magmatische** Gesteine. Entsteht das Gestein tief im Erdinneren, nennt man es **Tiefengestein**. An manchen Stellen der Erde kommt das Magma aber direkt an die Oberfläche, z. B. bei Vulkanen. In diesem Fall spricht man von **Ergussgestein.**

Mineral: natürlich vorkommender Festkörper mit einheitlicher chemischer Zusammensetzung, bei dem die einzelnen Atome regelmäßig angeordnet sind

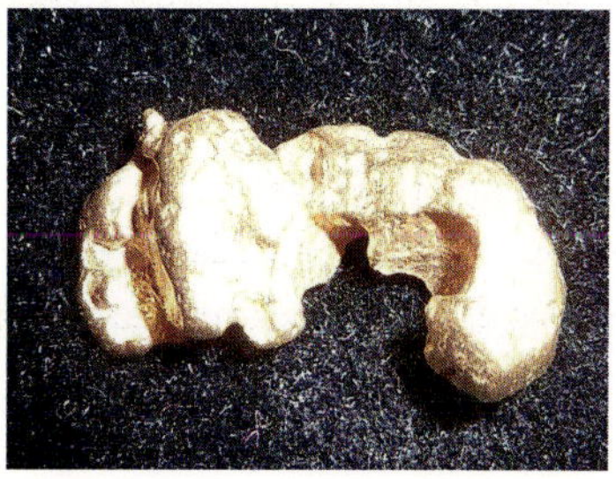

Goldnugget – auch Gold ist ein Mineral

Kristall: Körper, dessen Teilchen (Atome, Moleküle) regelmäßig angeordnet sind

Bergkristall (Quarz)

Nenne einen Fluss, an dem Kiesel zu finden sind! Sieh dazu auch in deinem Atlas nach!

magmatisch: aus Magma entstanden

Je nachdem, ob das Gestein schnell abgekühlt ist oder die Abkühlung langsam erfolgte, sieht es unterschiedlich aus.

Durch schnelle Abkühlung entstandene **Stricklava**

Durch langsamere Abkühlung entstandene Basaltsäulen

Stricklava: erkaltete Lava, die wie nebeneinander liegende Stricke aussieht

Verwitterung: oberflächliche Veränderung von Gestein durch verschiedene chemische und physikalische Vorgänge

Auch der Ort der Entstehung sowie die Zusammensetzung des Ausgangsmaterials spielen eine große Rolle und lassen unterschiedliche Gesteine entstehen. So kann aus Magma in der Tiefe von kontinentaler Kruste das Tiefengestein **Granit** entstehen.

Durch Frost zerbrochener Stein (physikalische Verwitterung)

Flechten verändern durch Stoffe, die sie abgeben, die Gesteinsoberfläche chemisch.

Granit und seine meist drei Bestandteile: Feldspat, Quarz und Glimmer

Gestein ist an der Erdoberfläche sehr vielen Einflüssen wie Wind, Wasser und Temperaturunterschieden ausgesetzt. Dadurch wird seine Oberfläche verändert. Es zerbricht, zerbröselt, wird abgerundet oder löst sich auf, wir sprechen von **Verwitterung**.

Sandsteinverwitterung

Kiesel mit angewitterter Oberfläche

Zu Sand verwittertes Gestein

Die durch die verschiedenen Vorgänge verwitterten Gesteine können durch **Wasser** z. B. in Form von Gewässern oder Gletschereis, aber auch durch Wind weitertransportiert werden. Je weiter der Transportweg, desto kleiner und runder werden die Teilchen, die in der Fachsprache auch „Körner" genannt werden. Die Bestimmung ihrer Größe, also der **Korngröße**, ist für die Einteilung der daraus entstehenden Gesteine wichtig.

Knetarbeit mit frischem Ton

Bezeichnung		Teilchengröße in mm	Teilchengröße im Vergleich
Steine		ca. 60 – ca. 200 mm	größer als ein Hühnerei
Kies	grob	ca. 20 – ca. 60 mm	größer als Haselnüsse
	mittel	ca. 6 – ca. 20 mm	Größe zwischen Erbse und Haselnuss
	fein	ca. 2 – ca. 6 mm	Größe zwischen Streichholzkopf und Erbse
Sand	grob	ca. 0,6 – ca. 2 mm	Größe zwischen Grieß und Streichholzkopf
	mittel	ca. 0,2 – ca. 0,6 mm	Größe ca. wie Grießkörner
	fein	ca. 0,06 – ca. 0,2 mm	Größe wie Mehlteilchen
Schluff		< 0,06 mm	einzelne Teilchen nicht mit freiem Auge erkennbar
Ton		< 0,0002 mm	

Absatzgestein: durch Absetzen und Verfestigung kleiner Teilchen entstandenes Gestein

Absatzgesteine – Sedimentgesteine

An windgeschützten Stellen oder in ruhigem Wasser können sich die Teilchen ablagern bzw. absetzen. Durch natürliche Bindemittel wie Ton entstehen daraus **Absatzgesteine** oder **Sedimente**.

Schotterbank, entstanden durch natürliche Ablagerung an einem frei fließenden Fluss

Brekzie (Sedimentgestein mit eckigen Bestandteilen)

Sandstein aus Österreich

Dachsteinkalk

Konglomerat (Sedimentgestein mit runden Bestandteilen)

Sandstein entsteht aus verklebten Sandkörnern. Kalkgehäuse oder Kalkskelette ehemaliger Lebewesen im Meer verfestigen sich zu **Kalkgestein**.

Umwandlungsgesteine – metamorphe Gesteine

Durch verschiedenste geologische Vorgänge, vor allem durch plattentektonische Prozesse, werden Gesteine durch hohen Druck und hohe Temperaturen verändert. Bei besonders starken Veränderungen entstehen sogar neue Minerale wie der **Granat**. Die so entstandenen Gesteine haben eine „Umwandlung" oder **Metamorphose** erfahren.

Auf diesem Weg können aus Graniten Gneise entstehen, aus Kalk Marmor oder aus tonreichen Sedimenten **Glimmerschiefer**.

Granate

Metamorphose: Umwandlung, Umgestaltung, Verwandlung

Glimmerschiefer: metamorphes Gestein, das aus parallelen Schichten besteht

Abtragung: in der Geologie – durch verschiedene Vorgänge locker gewordenes Gesteinsmaterial, das von Wind, Wasser und Schwerkraft in Bewegung versetzt und an andere Orte transportiert wird

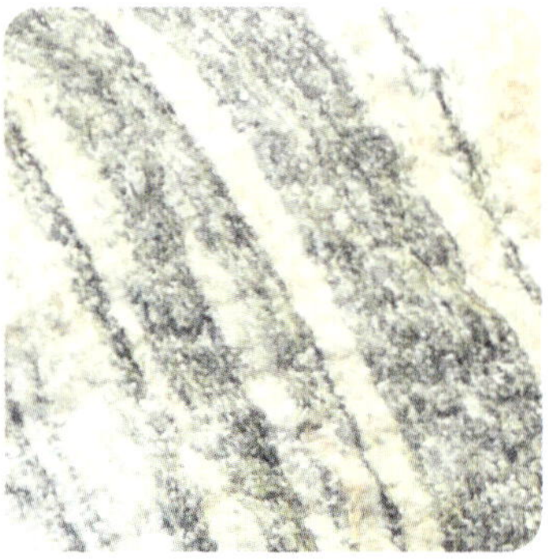

Gneis

Glimmerschiefer

Marmor

Gesteine unterliegen also ebenfalls einem Kreislauf.

Tonfigur nach dem Brennen: Auch beim Brennen wird der Ton verändert.

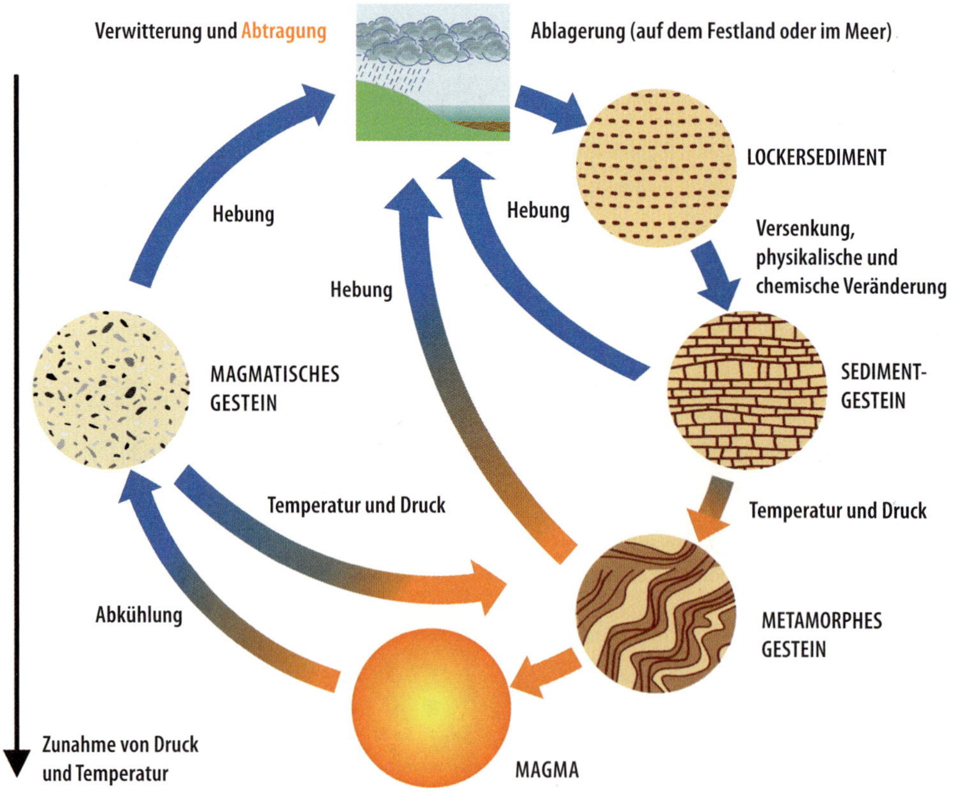

Kreislauf der Gesteine

Die Bausteine von **Gesteinen** sind **Minerale**, die jeweils eine bestimmte chemische Zusammensetzung haben. Sie liegen häufig als **Kristalle** vor. Je nach Art der Entstehung unterscheiden wir drei Hauptgesteinsarten: **Erstarrungsgesteine** oder **magmatische Gesteine, Absatzgesteine** oder **Sedimentgesteine** und **Umwandlungsgesteine** oder **metamorphe Gesteine.**

Flüssiges Magma bildet nach seiner Abkühlung **Erstarrungsgesteine**, die **magmatischen Gesteine**. Diese verwittern an der Erdoberfläche und werden abgetragen. Die veränderten abgetragenen Teilchen lagern sich ab und verfestigen sich zu **Absatzgesteinen**, den **Sedimentgesteinen**. Durch hohen Druck und hohe Temperatur können aus unterschiedlichsten Gesteinen **Umwandlungsgesteine**, die **metamorphen Gesteine** entstehen.

Nun geht's los – Aufgaben für schlaue Köpfe!

1) **Was hast du dir gemerkt?** Beschreibe die Begriffe Mineral und Gestein und nenne mindestens ein Beispiel für ein Mineral! ★★★

Ein Mineral ist ______________________________

____

Ein Gestein besteht aus ______________________________

Ich kenne folgende Minerale: ______________________________

2) **Welche Gesteine kennst du?** – Gib die Namen der Gesteine an und ordne sie den Hauptgesteinsarten zu! ★★★

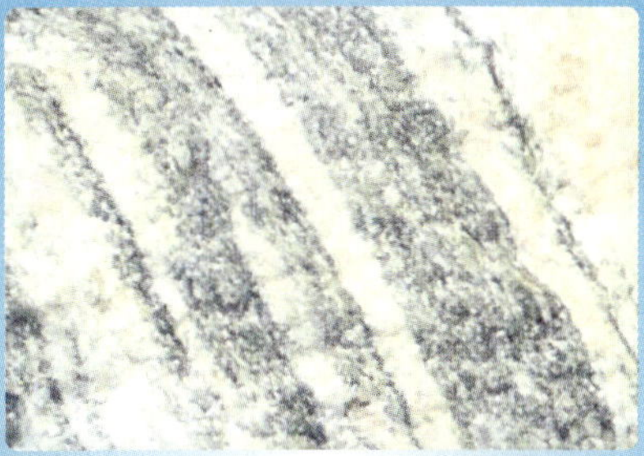

Name: ______

Art:
- ☐ Erstarrungsgestein
- ☐ Absatzgestein
- ☐ Umwandlungsgestein

Name: ______

Art:
- ☐ Erstarrungsgestein
- ☐ Absatzgestein
- ☐ Umwandlungsgestein

Name: ______

Art:
- ☐ Erstarrungsgestein
- ☐ Absatzgestein
- ☐ Umwandlungsgestein

Name: ______

Art:
- ☐ Erstarrungsgestein
- ☐ Absatzgestein
- ☐ Umwandlungsgestein

Name: ______

Art:
- ☐ Erstarrungsgestein
- ☐ Absatzgestein
- ☐ Umwandlungsgestein

Name: ______

Art:
- ☐ Erstarrungsgestein
- ☐ Absatzgestein
- ☐ Umwandlungsgestein

Nun geht's los – Aufgaben für schlaue Köpfe!

3) **Fehlertext** – Max hat einen Aufsatz über den Kreislauf der Gesteine geschrieben. Dabei sind ihm aber 5 Fehler unterlaufen. **Finde die Fehler, streiche sie durch und schreibe dann die richtigen Wörter darüber! ★★★★**

Wenn Magma, das ist flüssiges Gestein, erstarrt, bilden sich Erstarrungsgesteine. Wenn es im Erdinneren erstarrt, entstehen Höhlengesteine. Tritt es jedoch durch einen Vulkanausbruch an die Erdoberfläche und erstarrt dort, spricht man von Fließgesteinen. An der Erdoberfläche verwittert das Gestein, dabei zerfällt es zu immer kleineren Teilchen. Diese Teilchen werden von Wind und Wasser abtransportiert und lagern sich an anderen Stellen wieder ab. Aber auch die Kalkgehäuse oder Kalkskelette von Meereslebewesen können sich am Meeresgrund ablagern. Dadurch entstehen Absatz- oder Schichtgesteine. Wenn Gesteine durch die Bewegung der Erdplatten ins Erdinnere gelangen, werden sie durch die hohe Temperatur und den hohen Druck umgewandelt, sie durchlaufen eine Metastase. Dabei entstehen Transformationsgesteine oder metamorphe Gesteine. Im Erdinneren können die Gesteine aber auch wieder aufgeschmolzen werden. Sie werden dadurch zu Magma und der Kreislauf beginnt von vorne.

4) **Gesteine-Kreuzworträtsel** – **Viel Erfolg beim Lösen! ★★★**

waagrecht:
1. aus Magma entstanden
4. oberflächliche Veränderung von Gesteinen
5. Umwandlung
6. Gestein, das bei Abkühlung aus dünnflüssigem Magma entsteht

senkrecht:
1. natürlich vorkommender Festkörper mit bestimmter chemischer Zusammensetzung
2. Teilchen, die sich absetzen
3. Körper mit regelmäßiger Anordnung von Teilchen

13. GEOLOGISCHER AUFBAU ÖSTERREICHS

Beim Betrachten von Bauwerken aus Stein ist manchmal deutlich zu sehen, dass dafür unterschiedliche Gesteine verwendet wurden. Diese stammen aus unterschiedlichen Gegenden und Ländern.

Phyllit: feinblättriges Gestein; von phyllon, griechisch: Blatt

Auch beim Bau des Wiener Naturhistorischen Museums wurden verschiedene Gesteinsarten verwendet.

Naturhistorisches Museum Wien

Einige der hier verwendeten Gesteine stammen aus Österreich. Da der Gesteinsuntergrund in unserem Land nicht überall gleich ist, können aus einzelnen Gebieten unterschiedliche Rohstoffe gewonnen werden.

Ein **Satellitenbild** oder eine gewöhnliche **Landkarte** zeigt dir, wie Österreich an der Oberfläche aussieht. Du erkennst Landschaften, Gewässer und Wälder. Auf dem Satellitenbild kannst du jedoch nicht erkennen, welche unterschiedlichen Gesteine unter der Erdoberfläche zu finden sind.

Wie viele österreichische Bundesländer sind bei dieser Ansicht des Naturhistorischen Museums Gesteinlieferanten?

Satellitenbild von Österreich

Sieh dir das Satellitenbild Österreichs an! Was kannst du darauf erkennen?

Wie du schon gehört hast, wird der geologische Aufbau eines Gebietes oder Landes durch wissenschaftliche geologische Kartierung dargestellt. Unterschiedliche **geologische Zonen** oder **Gesteinszonen** und deren Gesteine werden darauf in verschiedenen Farben dargestellt. Um sich auf einer geologischen Karte zurechtzufinden, gibt es wie bei anderen Karten auch Erklärungen in Form von **Legenden**.

geologische Zone/ Gesteinszone: zusammenhängendes Gebiet, in dem jeweils hauptsächlich ein bestimmtes Gestein vorkommt

Legende: Zeichen- und Farberklärung einer Karte oder eines Plans

Beckenlandschaft: zusammenhängender vertiefter Bereich einer Landschaft

Österreich besteht aus 3 großen **geologischen Einheiten**: der Böhmischen Masse (in der Karte rot markiert), dem **Alpenvorland** und **Beckenlandschaften** im Osten des Landes (in der Karte gelb markiert) sowie den **Alpen**.

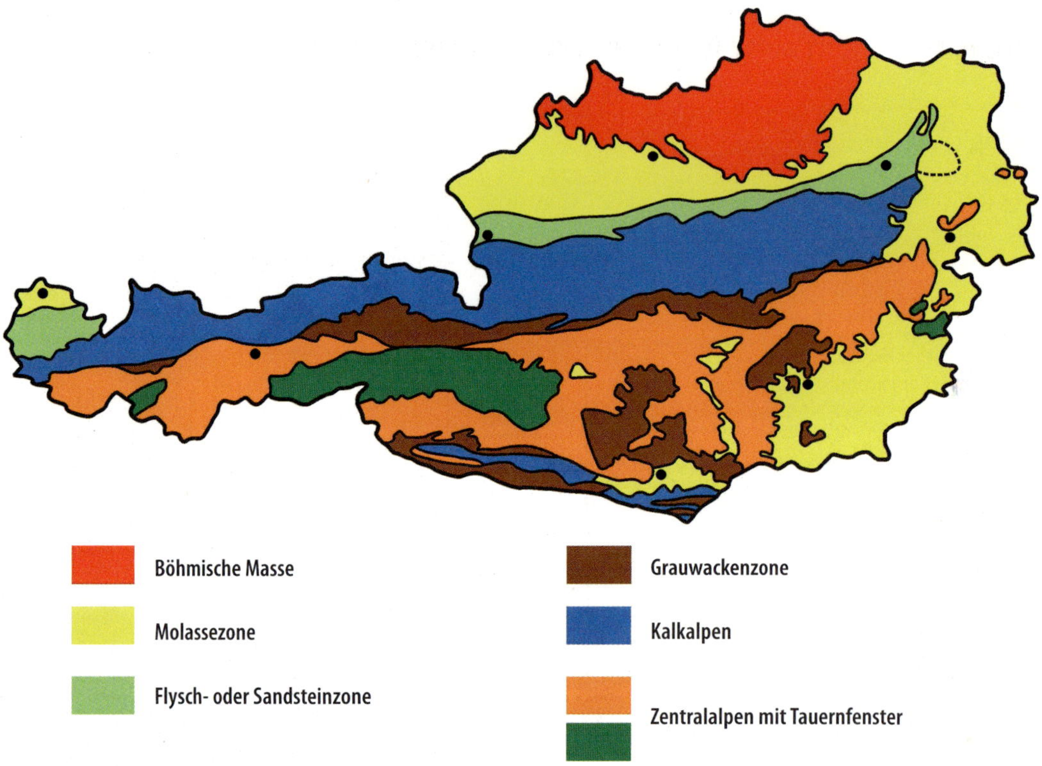

Geologie Österreichs (vereinfachte Übersicht)

Überlege: In welcher der drei geologischen Einheiten bist du zu Hause?

Welcher der drei Bereiche hat flächenmäßig den größten Anteil an Österreich?

Die Karte zeigt verschiedene geologische Zonen in unterschiedlichen Farben. Diese Zonen bestehen aus charakteristischen Gesteinsarten. Sie sind im jeweils gleichen Zeitabschnitt der Erdentwicklung entstanden. Daraus ergibt sich für die entsprechenden Landschaften ein charakteristisches Aussehen.

Gneis aus dem Waldviertel (NÖ)

Die Böhmische Masse

Gneis in der Wachau

Die Böhmische Masse ist ein sehr altes Gebirge. Sie ist mehr als 300 Mio. Jahre alt und war einst über 5 000 m hoch. Die Böhmische Masse ist durch **Abtragung** größtenteils schon abgebaut worden. Heute sind nur mehr die inneren Reste dieses Gebirges zu sehen. Die Böhmische Masse liegt zum größten Teil in der tschechischen Landschaft Böhmen, von der sie auch ihren Namen hat. Teile dieser Zone befinden sich auch im deutschen Bundesland Bayern. In Österreich gehören Landschaften nördlich der Donau, das Wald- und das Mühlviertel dazu. **Granite** und **Gneise** sind die häufigsten Gesteine dieser Landschaft. Sie sind sehr hart und widerstandsfähig.

Wachau: Landschaft in Niederösterreich entlang der Donau

Die Molassezone

Vor mehr als 50 Mio. Jahren, also im ersten Drittel des Paläogens, befand sich in diesem Gebiet ein Meer, das **Molassemeer**. In dieses Meer wurde viel Material, das von der Abtragung der Alpen stammte, eingeschwemmt und lagerte sich im Wasser ab. Es entstanden bis zu 5 000 m dicke Schichten aus Schotter, Sanden und Tonen. In solchen Schichten wird heute Erdöl und Erdgas gefunden.

Steirische Molasse

Welcher Teil der Alpen – bezogen auf die Himmelsrichtung – liegt in Österreich?

Molasse: Abtragungsmaterial eines Gebirges

Die Alpen – ein sehr kompliziert gebautes Gebirge

Alpenbogen mit Landesgrenzen

Welche Länder haben Anteil an den Alpen?

Österreich	28,50 %
Italien	27,20 %
Frankreich	20,70 %
Schweiz	13,90 %
Deutschland	5,60 %
Slowenien	4,00 %
Liechtenstein	0,08 %

Mergel: Gestein aus Ton und Kalk

Hangrutschung: abrutschende Erdmassen

Obwohl Österreich ein kleines Land ist, hat es flächenmäßig den größten Anteil an den Alpen. Die Alpen sind das höchste Gebirge Europas und erstrecken sich bogenförmig von der französischen Mittelmeerküste über die Schweiz und Norditalien bis nach Österreich. Wie du in der geologischen Karte sehen kannst, bestehen die Alpen aus mehreren Zonen: Flyschzone, Grauwackenzone, Kalkalpen und Zentralalpen.

Die Flyschzone

Gesteinsschichten in der Flyschzone

Diese Zone besteht aus Schichten von **Sanden**, **Tonen** und **Mergeln**. Die Sande sind zu hartem **Sandstein** geworden. Die Mergel und Tone sind weich. Sie nehmen Wasser auf und geraten leicht in Bewegung. Dabei kann es zu größeren **Hangrutschungen** kommen. Bei Bauarbeiten muss darauf geachtet werden. Daher kommt auch der Begriff Flysch, das Wort hängt mit „fließen" zusammen. Sandstein wird häufig als Baumaterial verwendet.

Hangrutschung in einem Garten in der Flyschzone in Wien, verursacht durch Bauarbeiten am Nachbargrundstück

Grauwacke: Bezeichnung aus dem Bergbau für graue bis graugrüne sandige und tonige Ablagerungen

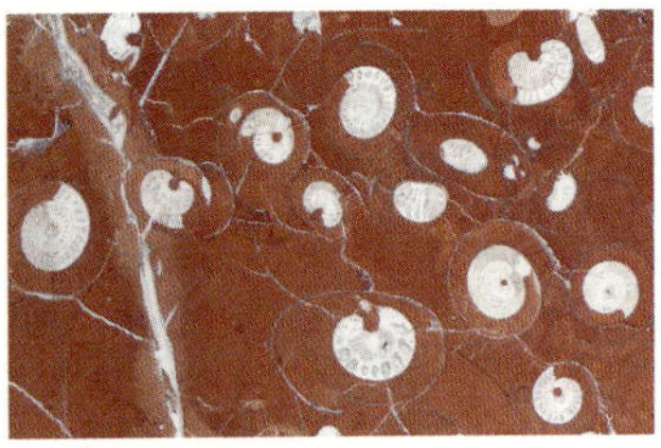

Ammonitenkalk (OÖ)

Erz: metallhaltiges Gestein, aus dem Metall in reiner Form gewonnen werden kann

Paragneis: Gneis, der durch Umwandlung aus Sedimenten entstanden ist

geologisches Fenster: Stellen, an denen durch Abtragungsvorgänge, Hebung und **Erosion**svorgänge Teile des geologischen Untergrunds sichtbar werden

Erosion: Abtragen von Boden durch Wind und Wasser

Auf der Erde kommen in unterschiedlichen geologischen Bereichen unterschiedliche Gesteine vor. In Österreich gibt es drei große **geologische Einheiten**: die **Böhmische Masse**, die **Alpenvorländer** und die **Beckenlandschaften** sowie die **Alpen**. Der größte Teil Österreichs wird von den Alpen gebildet. Die Alpen sind ein Gebirge, das aus der **Flyschzone**, der **Grauwackenzone**, den **Kalkalpen** sowie den **Zentralalpen** mit dem **Tauernfenster** besteht. Österreich hat den größten Anteil an den Alpen.

Die Grauwackenzone

Diese Zone ist vor etwa 500 Mio. Jahren entstanden. Sie besteht vor allem aus der sandig-tonigen **Grauwacke**. In dieser Zone kommen Bodenschätze wie Kupfer und Eisen vor, die früher abgebaut wurden. Der Bergbau wurde aber weitgehend eingestellt, da die Vorkommen an **Bodenschätzen** zum großen Teil aufgebraucht sind und sich der weitere Abbau nicht mehr lohnt. So wird **Eisenerz** derzeit nur noch am Steirischen Erzberg abgebaut.

Steirischer Erzberg

Die Kalkalpen

Sie bestehen vor allem aus Kalkgesteinen, die in warmen Meeren aus Resten von Pflanzen und Tieren sowie riffaufbauenden Korallen am Meeresgrund entstanden sind. An manchen Orten können solche Lebewesenreste als Fossilien vorgefunden werden. Ein Ergebnis der ehemaligen Meere sind Salzlagerstätten, die seit mehr als 3 000 Jahren genützt werden und dem Salzkammergut seinen Namen gaben. In Kalk gibt es häufig Höhlen und unterirdische Wasserläufe. Die Kalkalpen sind daher ein wichtiger Trinkwasserspeicher in Österreich. So wird die Bundeshauptstadt Wien mit Wasser aus dieser Zone versorgt.

Dürrenstein – nördliche Kalkalpen (NÖ)

Die Zentralalpen mit dem Tauernfenster

Die Zentralalpen bilden den größten Teil der österreichischen Gebirge. Der Hauptgesteinsanteil sind **Paragneise**. Im Tauernfenster sind ursprünglich tiefer gelegene Schichten im Lauf der Erdgeschichte nach oben gehoben worden. Man spricht von einem **geologischen Fenster**. Der höchste Berg Österreichs, der Großglockner, liegt im Tauernfenster. Sein Gipfel liegt direkt an der Grenze zwischen Kärnten und Tirol.

Zentralalpen – Tauernfenster (im Hintergrund der Großglockner)

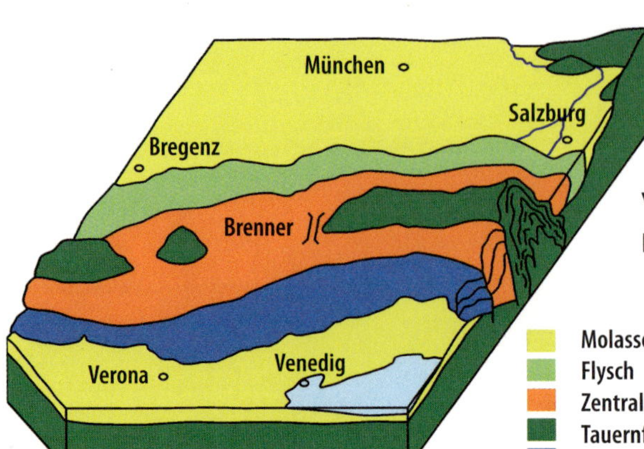

Vereinfachter Überblick der Lage des Tauernfensters

- Molassezone
- Flysch
- Zentralalpen
- Tauernfenster
- Kalkalpen

Nun geht's los – Aufgaben für schlaue Köpfe!

1) **Die Geologie Österreichs:** Wähle aus dem Kästchen die passenden Überschriften für die Kurzbeschreibung der geologischen Zonen Österreichs aus und trage sie ein! ★★★

Grauwackenzone ★ Flyschzone ★ Böhmische Masse ★ Zentralalpen ★ Molassezone ★ Kalkalpen

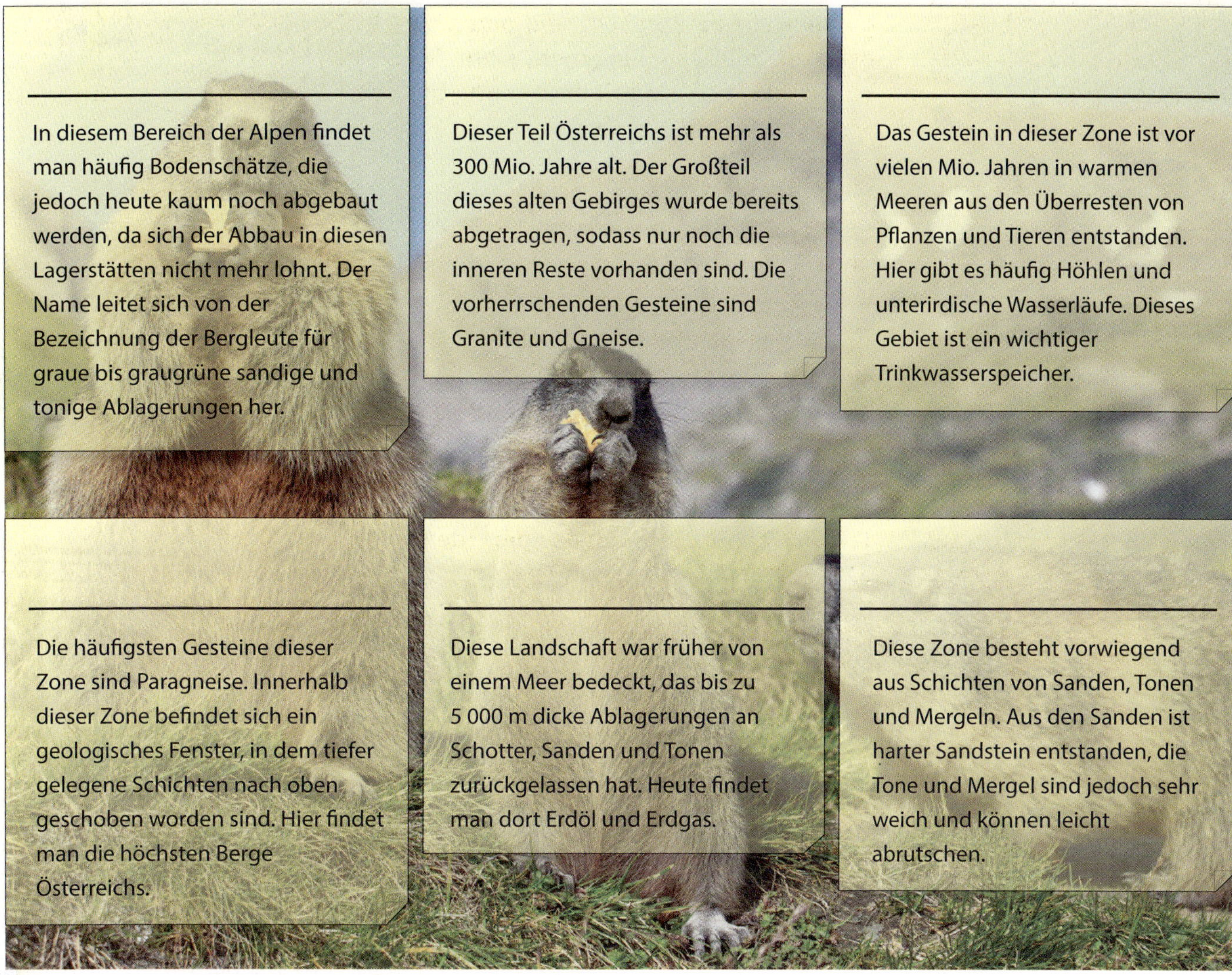

____

In diesem Bereich der Alpen findet man häufig Bodenschätze, die jedoch heute kaum noch abgebaut werden, da sich der Abbau in diesen Lagerstätten nicht mehr lohnt. Der Name leitet sich von der Bezeichnung der Bergleute für graue bis graugrüne sandige und tonige Ablagerungen her.

____

Dieser Teil Österreichs ist mehr als 300 Mio. Jahre alt. Der Großteil dieses alten Gebirges wurde bereits abgetragen, sodass nur noch die inneren Reste vorhanden sind. Die vorherrschenden Gesteine sind Granite und Gneise.

____

Das Gestein in dieser Zone ist vor vielen Mio. Jahren in warmen Meeren aus den Überresten von Pflanzen und Tieren entstanden. Hier gibt es häufig Höhlen und unterirdische Wasserläufe. Dieses Gebiet ist ein wichtiger Trinkwasserspeicher.

____

Die häufigsten Gesteine dieser Zone sind Paragneise. Innerhalb dieser Zone befindet sich ein geologisches Fenster, in dem tiefer gelegene Schichten nach oben geschoben worden sind. Hier findet man die höchsten Berge Österreichs.

____

Diese Landschaft war früher von einem Meer bedeckt, das bis zu 5 000 m dicke Ablagerungen an Schotter, Sanden und Tonen zurückgelassen hat. Heute findet man dort Erdöl und Erdgas.

____

Diese Zone besteht vorwiegend aus Schichten von Sanden, Tonen und Mergeln. Aus den Sanden ist harter Sandstein entstanden, die Tone und Mergel sind jedoch sehr weich und können leicht abrutschen.

2) Fasse mit eigenen Worten einige Informationen über die Alpen zusammen! Verwende dabei Wörter wie Bergbau, Trinkwasser, Tauernfenster usw.! ★★★★

Nun geht's los – Aufgaben für schlaue Köpfe!

3) **Wo ist was?** **Lies dir die Informationen zur Geologie Österreichs noch einmal durch und sieh dir die Bilder an! Ordne dann die Bilder dem jeweils richtigen Bundesland zu, indem du einen Pfeil von jedem Bild zum entsprechenden Bundesland ziehst! Beschrifte dann die Bilder! ★★★★**

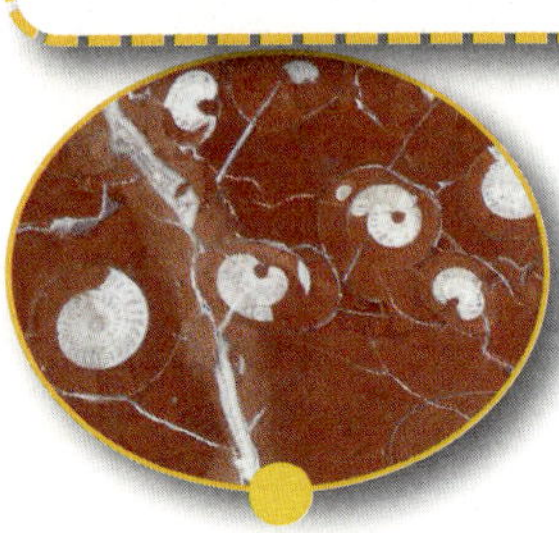

4) **Studiere zuerst diese Tabelle! Beantworte dann die Fragen! ★★★**

a) Wie viele Länder haben Anteil an den Alpen?

_______________ Länder

b) Welches Land hat den größten Anteil?

____

c) Welches Land hat den kleinsten Anteil?

____

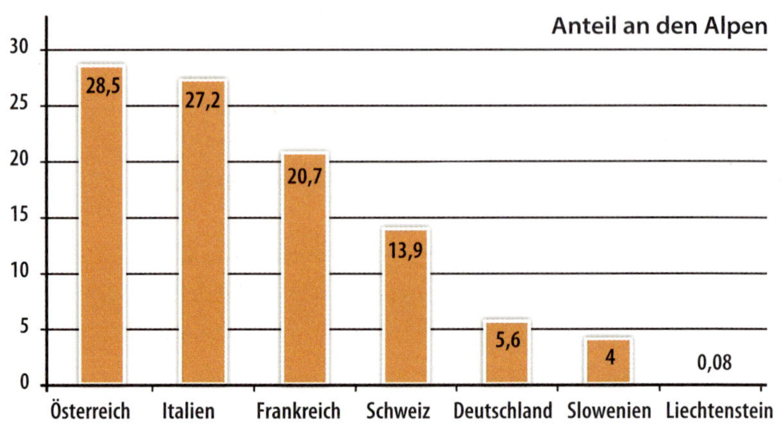

d) In welchen beiden Ländern liegt mehr als die Hälfte der Fläche, die von den Alpen eingenommen wird?

______________________________ und ______________________________

14. BODEN – GRUNDLAGE DES LEBENS

Pflanzen verschiedener heimischer Lebensräume wurzeln meist im Boden und nehmen **Wasser** und **Mineralstoffe** aus dem Boden auf. Der Boden ist eine wichtige Grundlage für das **Wachstum von Pflanzen**. Auf den verschiedenen Bodentypen findet man Pflanzengemeinschaften wie Wälder oder Wiesen, die sich für diese Böden am besten eignen.

Junge Sonnenblumenpflanzen im Ackerboden

Leberblümchen im Waldboden

Was ist Boden?

Der Boden verbindet unbelebtes, **anorganisches Material**, das aus zerkleinertem Gestein besteht, und **organisches Material**: die **Lebewesen**. Er ist die oberste **Verwitterungsschicht** der Erde. In ihm befinden sich **Wasser**, **Luft** und **Lebewesen**.

anorganisch: nicht von Lebewesen stammend

Wie Boden entsteht – Bodenbildung

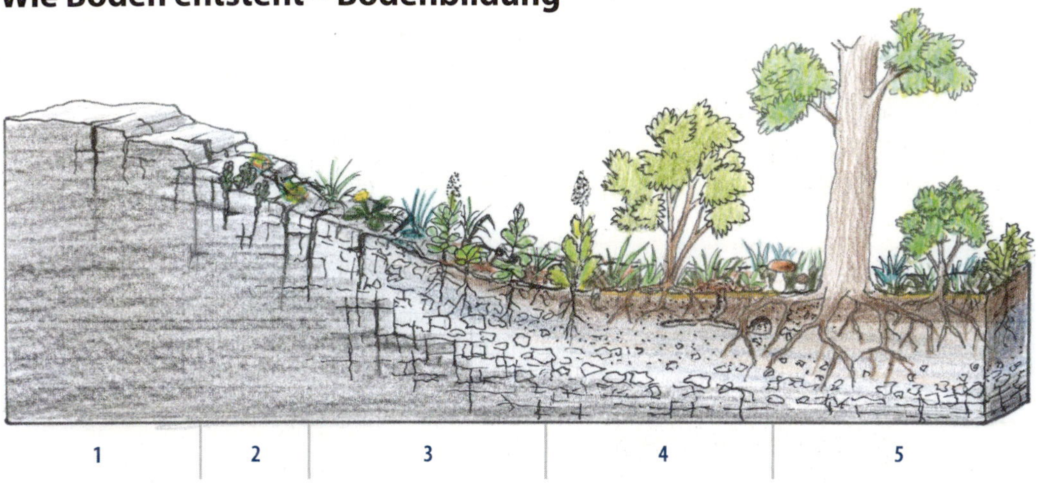

1. Gestein ist an der Erdoberfläche den Einflüssen von **Frost**, **Hitze**, **Eis**, **Wasser** und **Wind** ausgesetzt. Es entstehen **Risse** und **Spalten**.

2. Diese können von kleinen **Lebewesen** (Algen, Flechten, Pilzen, Moosen, Bakterien, kleinen Samenpflanzen) **besiedelt werden**. In den **Hohlräumen** sammeln sich **Staub** und **Reste von Lebewesen**, die vom Wind herangeweht wurden.

3. Pflanzenwurzeln dringen immer tiefer ein und **sprengen das Gestein**. Die Bodenschicht wird langsam dicker. Vom Wind herantransportierte **Samen** von Gräsern und Kräutern können **Wurzeln schlagen**. Das Gestein wird durch von den Pflanzenwurzeln ausgeschiedene Stoffe weiter verändert.

4. Es können sich **Bäume** und **Sträucher** ansiedeln. Das Gestein zerfällt immer mehr. Abgestorbene Teile von Lebewesen und deren Ausscheidungsprodukte werden von Bodenlebewesen zersetzt und bilden eine **Humusschicht**.

5. Die Wurzeln der Bäume **lockern das Gestein** in tieferen Bereichen. Die Humusschicht wird dicker und bildet den Nährboden für neue Pflanzen.

Die Bildung des Bodens ist ein **sehr langsamer Vorgang**. Sie kann auch **mehrere tausend Jahre** dauern. Die meisten Böden in Österreich sind etwa **6 000 Jahre alt**.

Boden und sichtbares Gestein an einem Hang im Wald

Humus: durch die Aktivität der Bodenorganismen entstehende zersetzte Reste abgestorbener Lebewesen im Boden

Bodentiere beteiligen sich an der Bodenbildung

Die **Blätter**, die beim Laubfall auf den Boden gelangen, die **Streu**, und andere Reste von Lebewesen werden Schritt für Schritt **zerkleinert**. Sie werden von Bodenlebewesen **gefressen**, die die unverdaulichen Reste **ausscheiden**. Aus diesen wird schließlich **Humus**, ein **wichtiger Bestandteil des Bodens**. Viele Bestandteile des Humus werden wieder von Pflanzenwurzeln aufgenommen. Der Abbau der Blätter erfolgt in mehreren Schritten.

Fensterfraß: Regen weicht die Blatthaut auf. Springschwänze und Milben fressen die Blattunterseite an und öffnen die Blatthaut.

Lochfraß: Springschwänze und Milben fressen Löcher. Fliegenlarven befallen das Blatt vom Rand her.

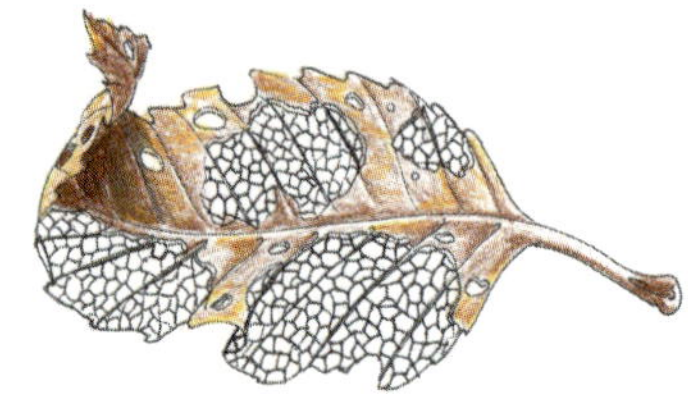

Skelettfraß: Asseln, Schnecken, Ohrwürmer und Tausendfüßer vergrößern die Löcher und zerkleinern das Blatt weiter.

Springschwänze sind sechsbeinige Gliederfüßer. Ihren Namen haben sie von einer einklappbaren Sprunggabel an ihrem Hinterende.

Fliegenlarven (im Bild eine Verwandte der Kleinen Stubenfliege) ernähren sich von Bodenstreu und anderen organischen Materialien.

Kellerasseln sind wie alle Asseln Krebstiere, die an Land leben. Sie fressen Pflanzenreste und sind wichtige Zerkleinerer und Zersetzer.

Hornmilben sind besonders häufig im Boden und zählen wie alle Milben zu den Spinnentieren. Sie leben z. B. von Falllaub und Bakterien und sind wichtige Humusbilder.

Schnurfüßer zählen zu den **Tausendfüßern**. Sie ernähren sich von Laubstreu.

Ohrwürmer sind Insekten mit Zangen an ihrem Hinterleib. Diese erinnern an ein Nadelöhr, daher haben die Tiere ihren deutschen Namen.

Fensterfraß **Lochfraß**

Skelettfraß: Vom Blatt sind nur mehr die festen Leitungsbahnen übrig geblieben, die wie ein Skelett aussehen.

Blattskelett – Ausschnitt vergrößert

Nadelöhr: Öffnung einer Nähnadel

Die **Bildung** des Bodens dauert manchmal **mehrere tausend Jahre**. An ihr sind Klima, Wasser, Sonneneinstrahlung, Wind, Temperaturunterschiede und Lebewesen beteiligt. Der Boden verbindet den Gesteinsuntergrund mit der Pflanzendecke.

Nun geht's los – Aufgaben für schlaue Köpfe!

1) **Bodenbildung** – Sieh dir diese Abbildungen genau an und vergleiche sie mit der Abbildung und den Texten auf Seite 57! Dann nummeriere sie in der richtigen Reihenfolge und notiere in Stichworten alles, was du dir gemerkt hast! ★★★

Nun geht's los – Aufgaben für schlaue Köpfe!

2) **Löse folgende Aufgaben zum Themenbereich „Bodenbildung durch Abbau von organischem Material"! ★★**

A) Ergänze den Satz!

Die Zerkleinerung der organischen Reste durch Bodenlebewesen ist wichtig, weil

____

B) Entscheide selbst, ob die Aussage richtig oder falsch ist! Streiche den falschen Begriff durch und schreibe eine Begründung!

Springschwänze haben zum Hochspringen ein löffelförmiges Gebilde an ihrem Hinterleib.

richtig / falsch, weil ____

Wenn sich ein Blatt lange genug in der Laubstreu befindet, bleibt oft nur das Blattskelett übrig.

richtig / falsch, weil ____

3) **Beschrifte die Abbildungen richtig! Verwende dazu die Wörter im Kästchen!** ACHTUNG: Manchmal sind auch 2 Möglichkeiten zum Ankreuzen richtig! ★★★

Fliegenlarve ★ Springschwanz ★ Gliederfüßer ★ Tausendfüßer ★ Ohrwurm ★ Hornmilbe ★ Assel

			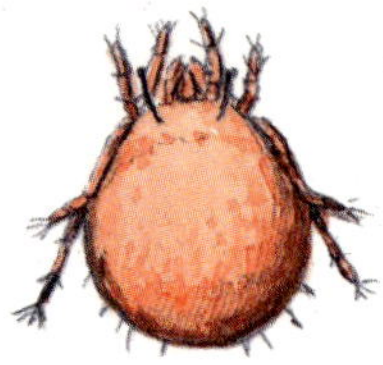
Name des Tieres…	__________	__________	__________
Beteiligung an der Bodenbildung durch …	☐ Fensterfraß ☐ Lochfraß ☐ Skelettfraß	☐ Fensterfraß ☐ Lochfraß ☐ Skelettfraß	☐ Fensterfraß ☐ Lochfraß ☐ Skelettfraß

Name des Tieres…	__________	__________	__________
Beteiligung an der Bodenbildung durch…	☐ Fensterfraß ☐ Lochfraß ☐ Skelettfraß	☐ Fensterfraß ☐ Lochfraß ☐ Skelettfraß	☐ Fensterfraß ☐ Lochfraß ☐ Skelettfraß

Alle hier gezeigten Tiere zählen zu den ______________________________

15. LEBEWESEN DES BODENS

Im **Lebensraum Boden** befinden sich außer den bisher genannten Lebewesen noch **viele andere Organismen.**

Die obersten 30 cm eines Quadratmeters Boden enthalten eine Vielzahl an Lebewesen. Im Durchschnitt sind das – neben vielen anderen:

150 000 Milben
100 000 Springschwänze
200 Regenwürmer
50 Asseln
50 Spinnen
150 Tausendfüßer
100 g Bakterien
100 g Pilze
1 g Algen
10 g Einzeller

Man nimmt an, dass ein **Viertel aller Arten** des Planeten Erde in Böden leben.

Ökologischer Kreislauf im Boden

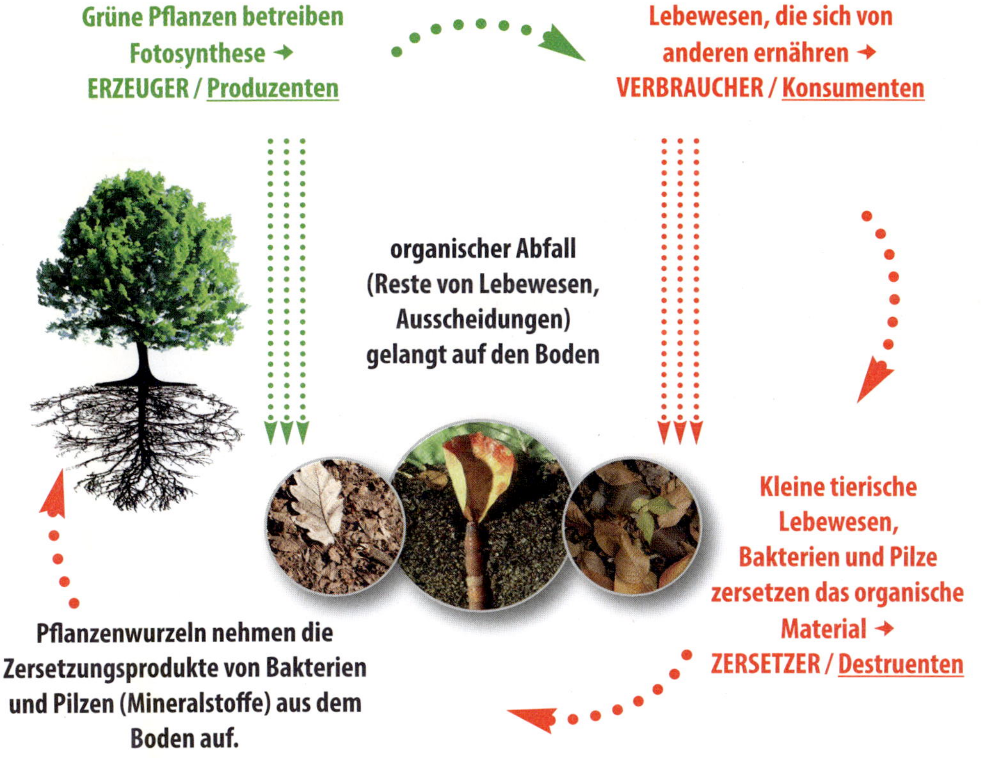

Ausscheidungen, abgestorbene Lebewesen oder Teile von Lebewesen gelangen auf den Boden und sind Nahrung für einige Abbauer oder Destruenten. Andere Destruenten, die **Mineralisierer**, wandeln organische Reste in Mineralstoffe (für Pflanzen wichtige Nährsalze) um. Diese können von den Pflanzenwurzeln aufgenommen und genutzt werden. Der Kreislauf schließt sich. Es erfolgt Wiederverwertung oder Recycling. Dies wird ermöglicht durch die Tätigkeit der Destruenten im Boden.

Von besonders großer Bedeutung für den Boden sind die **Ringelwürmer**. Der bekannteste Ringelwurm ist der **Regenwurm**. Er lebt in unterirdischen Gängen, die er selbst gräbt.

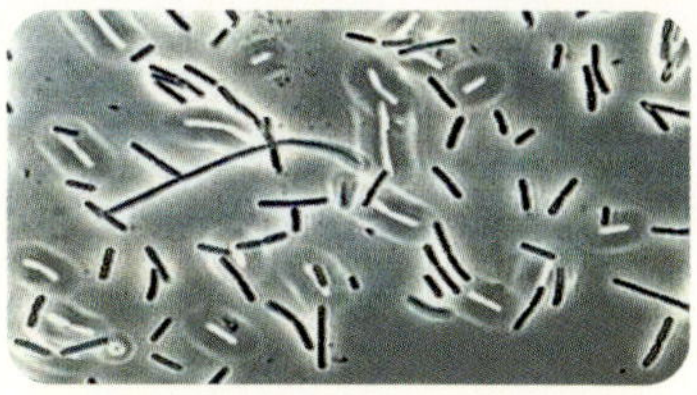

Bodenbakterien

Bodenpilze

Bodenalgen

Bodenspinne

Erdläufer werden bis 6 cm lang und ernähren sich von kleinen Bodentieren. Sie sind Gliederfüßer aus der Gruppe der Hundertfüßer.

Hundertfüßer: Gliederfüßer mit segmentierten Körpern. Sie besitzen je ein Beinpaar pro **Segment**. Tausendfüßer und Hundertfüßer sind miteinander verwandte „Vielfüßer“.

Segment: ringförmiger Abschnitt

Der Regenwurm – ein Bodenbewohner

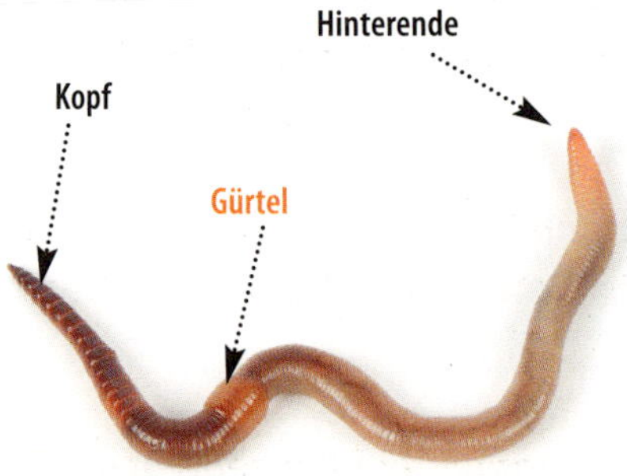

Körperbau

Wenn du einen Regenwurm betrachtest, fallen dir die **einzelnen Ringe** auf, aus denen sein Körper besteht. Man nennt sie **Segmente**.

Jedes Segment ist vom **Darm**, den **Blutgefäßen** und dem **Nervensystem** durchzogen. Im ersten Segment befinden sich eine **Mundöffnung**, der Schlund, und ein **Nervenknoten**.

Regenwürmer können **Geschmäcker** wahrnehmen. So können sie Fressbares von Unverdaulichem unterscheiden.

Gürtel: hier: eine verdickte Stelle bei erwachsenen Regenwürmern; sie ist wichtig bei der Paarung und bei der Eiablage

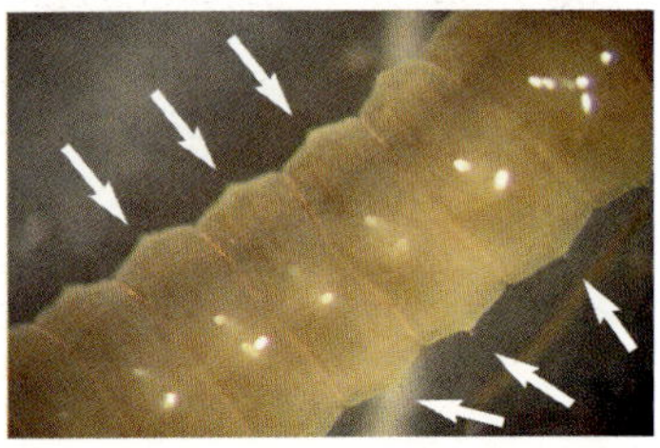

Borsten des Regenwurms: sind sehr klein und mit einer Lupe schwer zu erkennen. Die Pfeile zeigen die Lage der Borsten seitlich an den Segmenten.

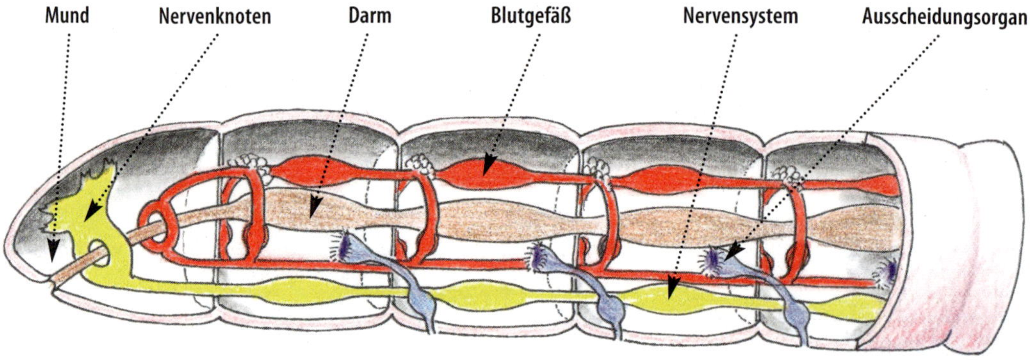

Körperbau des Regenwurms

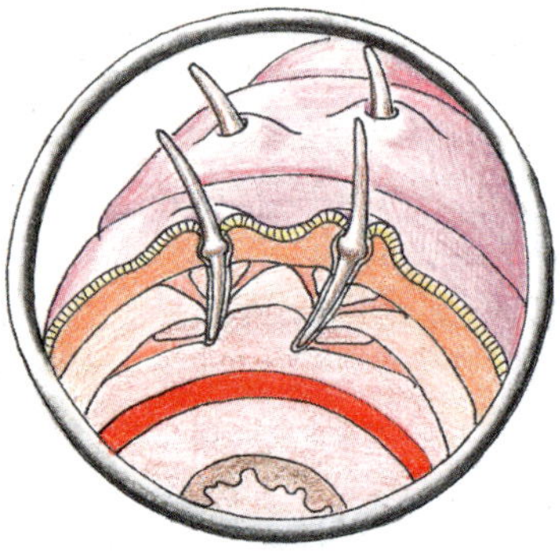

Stark vergrößerte Borsten: Der Regenwurm hat an jedem Segment vier Borsten, damit er sich besser fortbewegen und auch festhalten kann.

Der Regenwurm hat keine Augen. Er besitzt aber **lichtempfindliche Zellen**, mit denen er Helligkeit und Dunkelheit unterscheiden kann. Der Regenwurm atmet durch seine Haut, man nennt dies **Hautatmung**. Seine **Haut** ist mit einer **Schleimschicht** bedeckt. Diese darf nie austrocknen, weil die Feuchtigkeit für die Atmung notwendig ist.

Lebensweise

Der Regenwurm **frisst pflanzliche** und **tierische Abfallstoffe** sowie **Bestandteile des Bodens**. Er packt Blätter mit seiner Mundöffnung und zieht sie in den Boden. Dort vermodern sie. Erst dann frisst sie der Regenwurm. Er hat keine Zähne und nimmt seine Nahrung mit saugenden und pumpenden Bewegungen seiner Mundöffnung auf. Die organischen Bestandteile werden verdaut, die unverdaulichen Bodenbestandteile scheidet er als Kothäufchen am Ende seiner Gänge wieder aus. So wird der **Boden** gedüngt und erhält eine krümelige Struktur.

Die vielen Gänge, die der Regenwurm bis zu 2 m tief gräbt, durchlüften den Boden, und erleichtern Pflanzenwurzeln, diese Gänge entlang zu wachsen.

Zu Knäuel zusammengerollter Regenwurm

Im Herbst hört der Regenwurm auf zu fressen und zieht sich in tiefere Bodenschichten zurück. Er entleert seinen Darm und wickelt sich zu einem Knäuel zusammen. Alle Lebensvorgänge wie Atmung, Blutkreislauf und Verdauung werden **reduziert**. Dadurch verbraucht er auch wenig Energie und Sauerstoff. Er fällt in Winterstarre.

reduzieren: verringern, verkleinern

Bedeutung des Regenwurms für den Boden

Im Darm der Regenwürmer befinden sich Bakterien. Diese helfen, die pflanzlichen Rückstände zu verdauen. Dabei werden **Ton-Humus-Komplexe** gebildet, die mit dem Kot ausgeschieden werden und die Fruchtbarkeit des Bodens erhöhen.

Ton-Humus-Komplex: Verbindung von Humusteilchen und mineralischen Bestandteilen des Bodens

Regenwürmer sind sehr wichtig für den Boden, sie …

… reichern in ihrem Kot die von Pflanzen benötigten Mineralstoffe an und machen diese für die Pflanzen lebenswichtigen Stoffe leichter verfügbar.

… belüften und lockern den Boden durch ihre Gänge, der Boden kann durch die zahlreichen Poren wie ein Schwamm das Wasser besser halten.

… fördern durch ihre Gänge das Wachstum feiner Pflanzenwurzeln.

… transportieren Mineralstoffe aus tieferen Schichten zu den Pflanzenwurzeln.

Blätter werden eingezogen

Kothäufchen (stark vergrößerte Aufnahme) werden an der Oberfläche abgegeben

Vermehrung

Regenwürmer haben viele Fressfeinde. Für die Arterhaltung ist es wichtig, dass die Zahl der Nachkommen möglichst groß ist. Regenwürmer sind **Zwitter**. Nach der Paarung legen beide Würmer befruchtete Eier und sorgen so für **genügend Nachwuchs**.

Regenwürmer bei der Paarung

Beobachte doch die Aktivitäten von Regenwürmern über einige Zeit! Wie das genau geht, kannst du auf S. 147 nachlesen.

Zwitter: Lebewesen, dass gleichzeitig männliche und weibliche Geschlechtsorgane hat.

Als Zwitter bildet jedes Tier **Eizellen** und **Samenzellen** aus. Bei der Paarung legen sich die Tiere aneinander und tauschen die Samenzellen aus. Dann trennen sie sich. Im Gürtel, einem Schleimring, befinden sich die befruchteten Eier. Den Gürtel streift der Wurm über den Kopf ab. Im **Kokon** entwickeln sich dann junge Regenwürmer.

Kokon: Behälter für die Larven vieler wirbelloser Tiere, oft ein Gespinst, hier: eine Kapsel

Regenwürmer sind ein **wichtiges Glied in der Nahrungskette**. Sie selbst sind Nahrung für viele Vögel (Amsel, Drossel, Krähen), Säugetiere (Igel, Dachs, Fuchs, Maulwurf), Reptilien (Nattern, Blindschleichen), Amphibien (Molche, Salamander, Kröten), Tausendfüßer, Steinkriecher und Insekten (Laufkäfer).

Regenwurm-Kokons

Die Zahl der Regenwürmer wird aber auch durch die Siedlungstätigkeit des Menschen gesenkt. Ebenso reagieren Regenwürmer sehr empfindlich auf Umweltgifte. Chemische Düngemittel, Unkraut- und Insektenvernichtungsmittel töten diese nützlichen Bodenbewohner.

Nicht nur Regenwürmer dienen vielen anderen Tieren als Nahrung. Auch andere Destruenten werden von **Beutegreifern** im Boden gejagt.

Beutegreifer: Tiere, die andere Tiere jagen, um sich von ihnen zu ernähren

Wie beobachte ich Bodentiere?
Die kleinen Bewohner der Streuschicht mögen kein Licht. Mit dieser Bodentierfalle kannst du sie in einem Behälter sammeln und betrachten. Wie du bei der Beobachtung genau vorgehen musst, erfährst du auf S. 147.

Bodentierfalle

Giftzange: Schere, in die Giftdrüsen münden

Bodenlebewesen zerkleinern organisches Material, indem sie es fressen und **verdauen**. Sie erzeugen so Humus und tragen zur **Bodenbildung** bei. Sie wandeln die organischen **Bestandteile** des **Boden**s in Nährsalze um, die von den Pflanzenwurzeln wieder aufgenommen werden.

Weitere Bodenbewohner

Humusbildner: Sie lockern auch den Boden.

Saftkugler sind **Tausendfüßer** und ernähren sich von toter pflanzlicher Substanz.

Fliegenlarven fressen Pflanzenmaterial. Fliegen zählen zu den Zweiflüglern, weil sie als erwachsene Tiere zwei Flügel haben.

Rosenkäferlarven ernähren sich von toten Pflanzenteilen und leben z. B. in Komposthaufen.

Bandfüßer zählen auch zu den **Tausendfüßern**. Sie ernähren sich von sich zersetzendem organischem Material.

Beutegreifer: Sie fressen andere Bodentiere und beeinflussen deren Anzahl.

Steinläufer werden ca. 3 cm lang und zählen zu den **Hundertfüßern**. Sie jagen Insekten, Spinnen, Asseln, Tausendfüßer und Regenwürmer.

Der **Pseudoskorpion** ist kein Skorpion. Er hat keinen Giftstachel. Pseudoskorpione zählen zu den **Spinnentieren**. Sie fangen ihre Beute mit ihren **Giftzangen**.
Bei uns gibt es etwa 40 Arten von Pseudoskorpionen.

Nun geht's los – Aufgaben für schlaue Köpfe!

1) **Wo ist was beim Regenwurm?** Auf dieser Abbildung eines Regenwurms ist die Beschriftung nicht mehr zu sehen. **Als Experte/Expertin für Regenwürmer bekommst du die Aufgabe, diese wieder herzustellen.** Tipp: Die Abbildung und die Informationen auf S. 62 helfen dir dabei! ★★

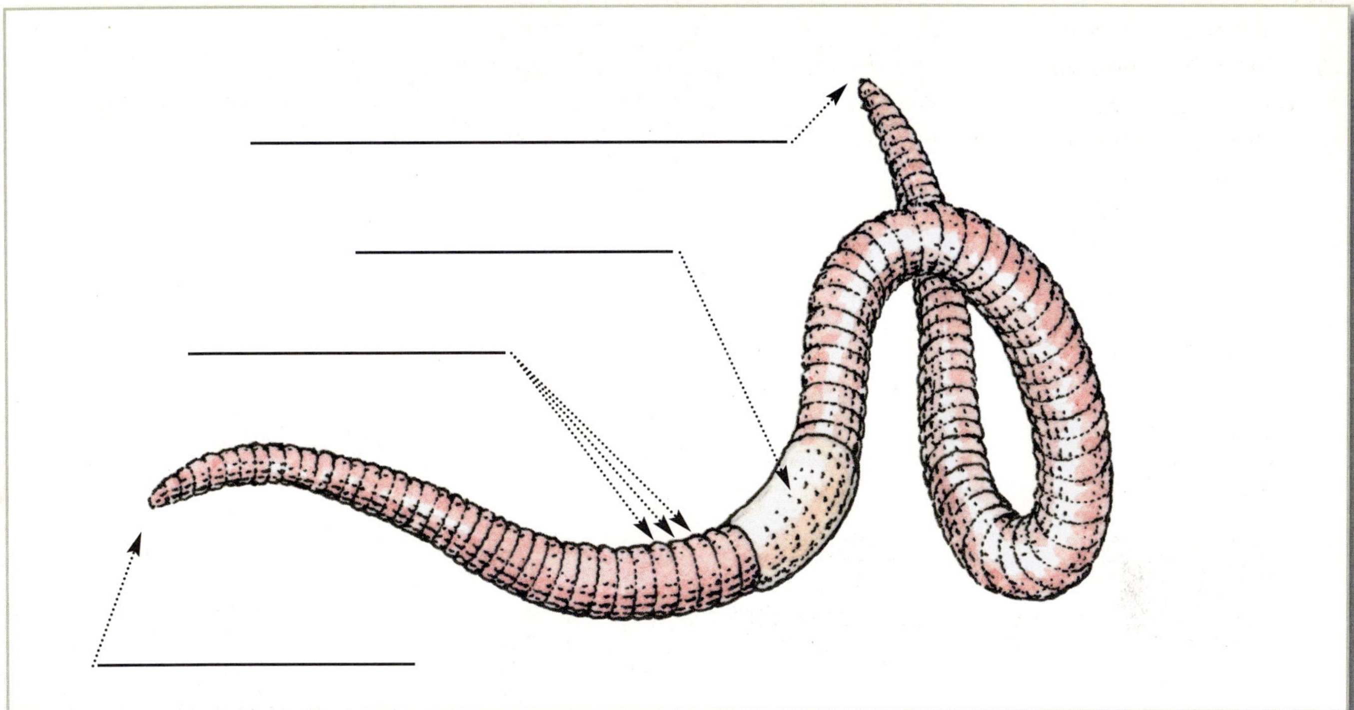

2) **Regenwurmrätsel** – Welche Begriffe haben sich hier versteckt?
Die Hinweise des Regenwurms helfen dir bei deiner Suche. ★★★

G	Q	Z	R	D	H	L	G	V	J	S	H	B	X	J
W	R	W	Ö	R	K	E	M	M	F	T	M	K	Q	M
B	L	I	N	D	S	C	H	L	E	I	C	H	E	U
D	Z	T	Z	B	E	H	M	A	U	L	W	U	R	F
Q	Z	T	X	Ü	G	B	X	R	C	H	T	K	E	B
W	K	E	U	X	M	Z	Ä	S	H	Z	Y	G	D	V
B	O	R	S	T	E	N	Ö	Z	T	Q	L	Ü	P	Y
X	K	Z	W	I	N	T	E	R	S	T	A	R	R	E
L	O	H	A	U	T	A	T	M	U	N	G	T	U	C
Y	N	B	U	I	V	O	R	T	B	Y	K	E	U	G
T	O	N	H	U	M	U	S	K	O	M	P	L	E	X

a) anderes Wort für Körperabschnitt **(7)**
b) bodenbewohnendes Säugetier, das viele Regenwürmer frisst **(2)**
c) wichtiger Körperteil des Regenwurms, der nach einem Kleidungsstück benannt ist
d) Die Haut des Regenwurms muss immer … sein. **(3)**
e) Zustand des Regenwurms im Winter **(1)**
f) Tiere wie der Regenwurm, die sowohl Eizellen als auch Samenzellen produzieren
g) Atmung des Regenwurms **(3)**
h) Mit ihnen kann sich der Regenwurm im Boden festhalten. **(3)**
i) Reptil, das Regenwürmer frisst
j) Eibehälter des Regenwurms
k) Verbindung von Humusteilchen mit mineralischen Bestandteilen **(6)**

Die Zahlen neben einigen Wörtern zeigen dir, welchen Buchstaben du aus dem jeweiligen Wort nehmen musst, um das Lösungswort zu erhalten.

LÖSUNGSWORT: *Eine der häufigsten Regenwurmarten ist der* . . . .

Nun geht's los – Aufgaben für schlaue Köpfe!

3) **Hier fehlt ja einiges** – Setze zuerst die vier fehlenden Begriffe in die Abbildung des ökologischen Kreislaufs ein! ★★

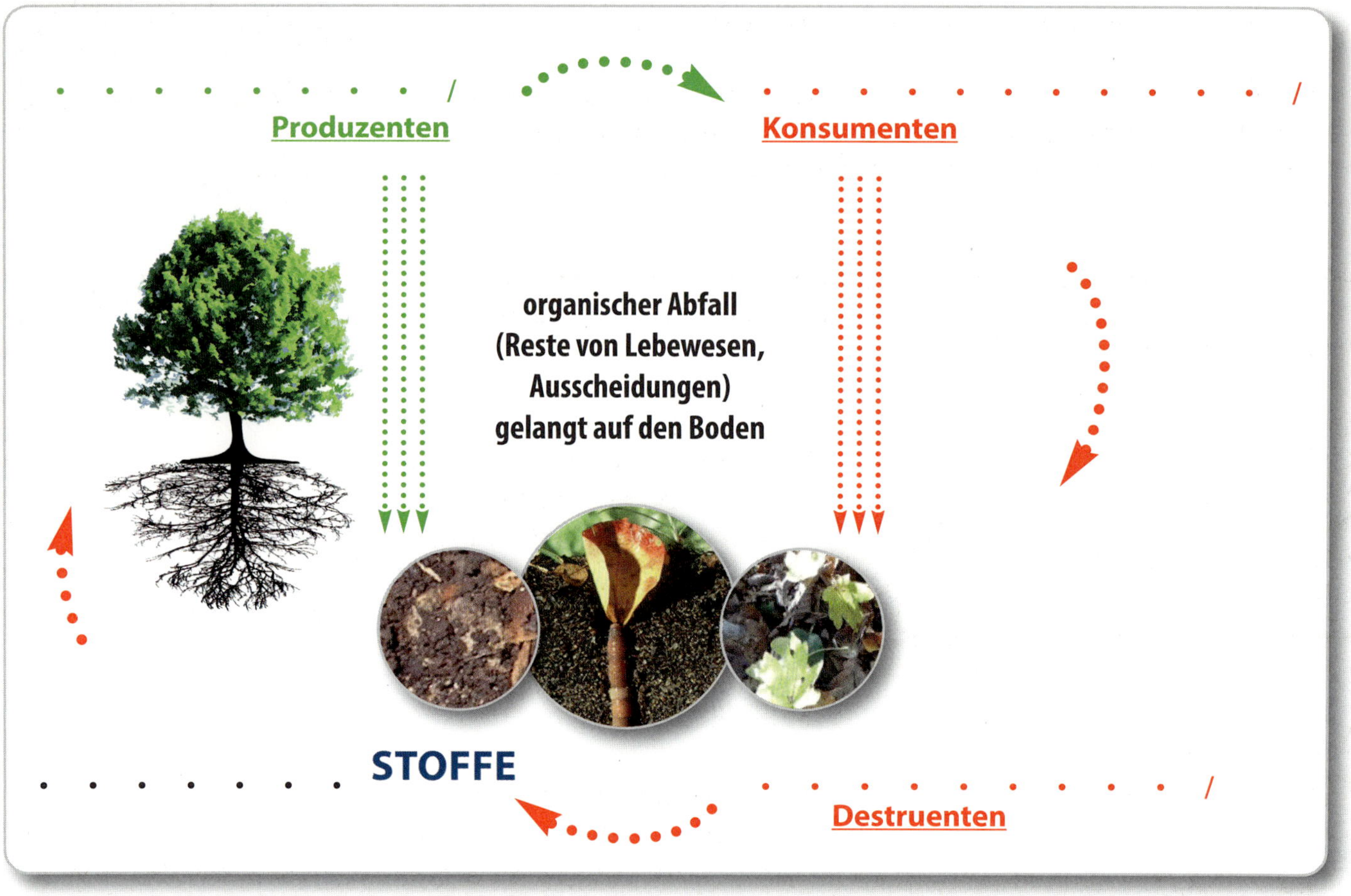

4) Nun vervollständige diesen Text! ★★★ Tipp: Die Wörter auf der Holztafel helfen dir dabei!

Im natürlichen Kreislauf erzeugen die ____________________ durch die Fotosynthese Nährstoffe. Diese werden von den ____________________ als Nahrung genützt. Die Reste von Lebewesen und ihre ____________________ gelangen auf den Boden und sind Nahrung für einige ____________________. Was übrig bleibt, zerlegen andere Destruenten, die ____________________, zu ____________________stoffen, welche von Pflanzenwurzeln aufgenommen werden und zum Aufbau der Pflanzen nötig sind. Der Vorgang, der das Wachstum der Pflanzen ermöglicht, ist die ____________________.

16. BÖDEN UND IHRE VIELFALT

Mit dem Lebensraum Boden beschäftigt sich eine eigene Wissenschaft, die **Bodenkunde** oder **Pedologie**. Eine ihrer Aufgaben ist die genaue Beschreibung von Böden. Bei Betrachtung eines **Bodenprofils**, das ist ein senkrechter Schnitt durch den Boden, fällt auf, dass viele Böden aus mehreren Schichten bestehen.

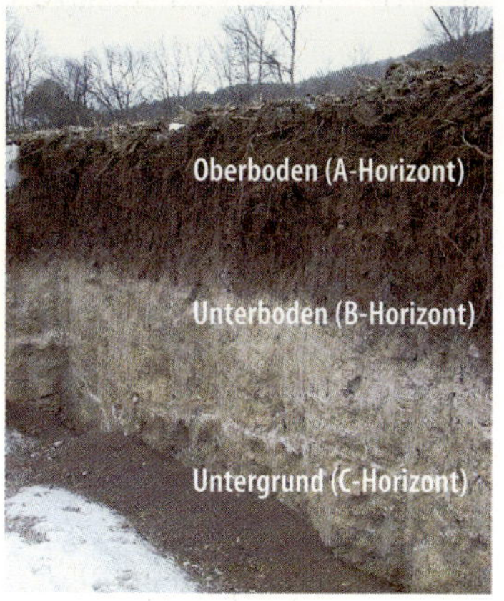

Schichten des Bodens

Wie ein Boden geschichtet ist, kann man besonders gut an einer Stelle sehen, an der der Boden bis zum Gesteinsuntergrund aufgegraben ist. Die meisten Böden bestehen aus 4 unterschiedlichen parallel zur Erdoberfläche verlaufenden Schichten, die man **Horizonte** nennt:

- **O-Horizont** oder Bodenauflage: Hier findet man die Ausscheidungen und abgestorbenen Reste von Lebewesen. Je nach Lebensraum ist die Bodenauflage unterschiedlich dick.

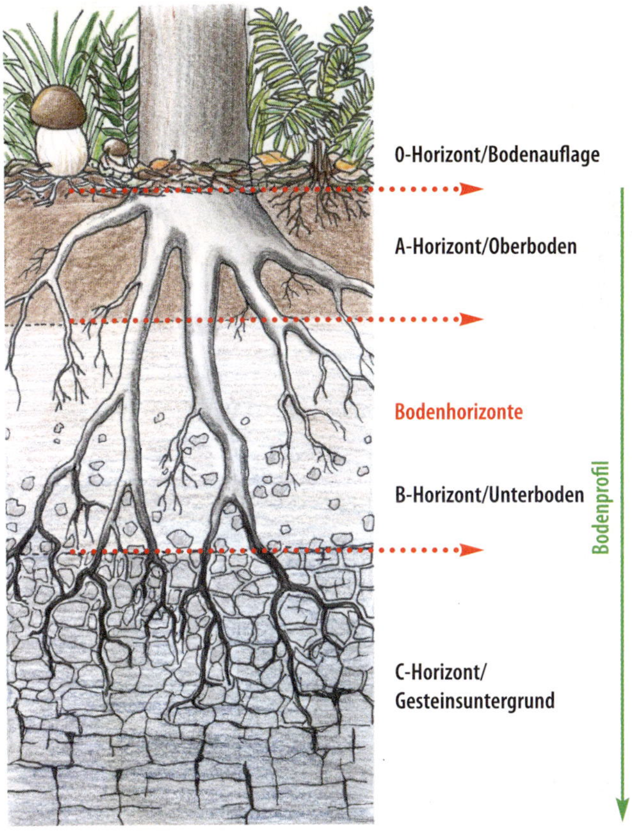

Bodenprofil und Bodenhorizonte

- **A-Horizont** oder Oberboden: Dies ist die humusreiche Schicht des Bodens. Hier leben die meisten Bodenlebewesen. Die Mineralstoffe in diesem Horizont werden durch den Regen ausgewaschen und gelangen in den darunter liegenden Horizont.

- **B-Horizont** oder Unterboden: Er besteht vorwiegend aus verwittertem Gestein und enthält nur wenig Humus. Der Unterboden ist mineralstoffreich. Er ist der Wasserspeicher des Bodens. Die Wurzeln der Pflanzen erhalten hier Wasser und Mineralstoffe.

- **C-Horizont** oder Untergrund: Er ist das **Muttergestein** des Bodens.

Befindet sich in der Umgebung deiner Schule eine Stelle, an der die Bodenschichten sichtbar sind? Zeichne oder fotografiere sie und versuche, sie zu beschreiben!

Muttergestein: Gesteinsuntergrund, aus dem der Boden jeweils entstanden ist

Bodentypen: fassen Böden mit ähnlicher Abfolge ihrer Horizonte zusammen

Der Boden entsteht aus dem verwitternden Gestein des Untergrundes, auf dem er sich befindet, und den durch Bodenbewohner veränderten Resten von Lebewesen. Je nach **Muttergestein**, **Verwitterung** und im Boden **wurzelnden Pflanzen** gibt es **verschiedene Böden**. Das Tempo der Verwitterung hängt vom Untergrund ab.

Auch die Vielfalt der Lebewesen im Boden spielt eine große Rolle bei der Bodenbildung. Je mehr unterschiedliche Bodenorganismen im Boden leben, desto mehr Mineralstoffe werden von den Bakterien und Pilzen im Boden für die Pflanzenwurzeln zur Verfügung gestellt.

Je nachdem, wie die Profile von Böden aussehen, werden verschiedene **Bodentypen** unterschieden. In Österreich ist der häufigste Bodentyp die **Braunerde**, die man vor allem im Alpenvorland findet. Dort wird sie als Ackerboden genutzt.

Braunerde

Braunerde: Böden mit einer Unterboden-Schicht mit hohem Humusgehalt, die daher eine braune Färbung hat.

Besonders fruchtbare Ackerböden sind die **Schwarzerdeböden**. In Österreich bringen sie die größten Erträge für die Landwirtschaft. Sie befinden sich in Gebieten mit Steppenklima, wie dem Weinviertel oder dem nördlichen Burgenland. Sie haben keinen Unterboden und werden deshalb auch als AC-Böden bezeichnet.

Böden haben vielfältige Funktionen

Bodenprofil eines Ackerbodens auf Schwarzerdeboden

Böden liefern den Großteil unserer Nahrung: Die allermeisten unserer Nahrungsmittel werden durch die **Landwirtschaft** erzeugt. Die Grundlage dafür bildet jeweils der Boden, auf dem sich die Felder befinden.

Auf landwirtschaftlich genutzten Flächen wird der Boden mit **Pflügen** gelockert und umgewendet, damit die Nutzpflanzen besser wachsen können.

Dadurch wird die oberste Schicht des Bodens immer wieder durchmischt und der Humus in ihr gleichmäßig verteilt. Am Bodenprofil von Ackerböden ist deutlich die **Pfluggrenze** zu sehen. Diese zeigt, bis zu welcher Tiefe gepflügt wird.

Böden speichern Trinkwasser: Niederschlagswasser versickert im Boden und sammelt sich als Grundwasser an wasserundurchlässigen Schichten. Stellen, an denen Grundwasser ans Tageslicht kommt, werden als Quellen bezeichnet. Diese werden bei entsprechender Qualität zur **Trinkwassergewinnung** verwendet. Dort, wo sich keine Quellen befinden, wird Grundwasser über Grundwasserbrunnen aus der Tiefe gepumpt.

Böden sind die Grundlage von Lebensraumvielfalt: Welche Pflanzen und andere Lebewesen in einem Ökosystem leben können, hängt neben dem Klima und dem Vorhandensein von Wasser auch sehr stark vom jeweiligen Boden ab.

Salzhaltiger Boden im Nationalpark Neusiedlersee

Klein wachsende Pflanzen auf Boden im Hochgebirge

Böden werden auch von Menschen genutzt: Siedlungen, Straßen und Eisenbahnen **verbrauchen Bodenflächen** und verringern somit den Platz, der für Pflanzen und Tiere verbleibt. Daher muss bei jedem neuen Bauvorhaben genau überlegt werden, ob es notwendig ist und wie man es so umsetzen kann, dass **möglichst wenig Boden zerstört** wird.

Schwarzerde

Schwarzerde: Bodentyp mit einer sehr dunkel gefärbten dicken Schicht Oberboden

Pflug

Bei der Errichtung von Städten wird viel Boden zerstört.

Böden bestehen aus mehreren Schichten, den **Horizonten**. Ein **Bodenprofil** gibt die Abfolge der Horizonte an. Böden entstehen durch die **Verwitterung des Gesteins** und durch den **Abbau von organischem Material**. Braunerde- und Schwarzerdeböden bringen bei uns die besten landwirtschaftlichen Erträge. Böden speichern **Wasser**, liefern **Nahrung** und sind **Lebensraum** für Pflanzen und Tiere.

17. GEFAHREN FÜR DEN BODEN

Jeder von uns **verbraucht Boden** in Form von Wegen, Straßen und Gebäuden. Durch das **Verbauen** werden Böden mit Beton, Asphalt usw. **versiegelt**. So ist ein Drittel der Fläche der Bundeshauptstadt Wien Baufläche, 14% der Fläche sind mit Straßen und anderen Asphaltflächen versiegelt.

verbauen: Errichten von Gebäuden bzw. Straßen auf Erdboden

versiegeln: Gegenstände mittels einer Schicht undurchlässig machen für Wasser, Luft usw.

Autobahnen und Siedlungen benötigen durch Bodenversiegelung viel Platz.

Außer der Versiegelung spielt die **Erosion** besonders in Gebieten mit Ackerbau eine **negative Rolle**. Vor allem bei trockenem Wetter kann es zu Bodenverlust durch **Staub-** und **Sandstürme** kommen. Wenn große und schwere **landwirtschaftliche Geräte** eingesetzt werden, besteht die Gefahr der **Bodenverdichtung**.

Bodenverdichtung: durch maschinelle oder andere Belastung zusammengepresster Boden

Erosion von Ackerboden

Traktorspuren auf einem Acker

Bodenfläche wird auch durch die **Gewinnung von Sand, Schotter und Kies** verbraucht. Auch **Schipisten** beeinträchtigen die Bodenbildung und **verändern die Landschaft** sehr stark.

Durch Verbauen und Erosion geht Boden verloren, Versiegelung und Bodenverdichtung gefährden den Boden als Lebensraum für Bodenlebewesen und verändern den Abfluss von Wasser.

Böden sind je nach Bodenart und Bewuchs natürliche **Wasserspeicher**. Sie geben das Wasser langsam an die Umgebung ab. Versiegelte Böden können kaum Wasser aufnehmen. Das Wasser rinnt zu schnell in die Kanäle und in die Flüsse. Bei sehr **starken Niederschlägen** kommt es daher häufiger zu **Überschwemmungen**.

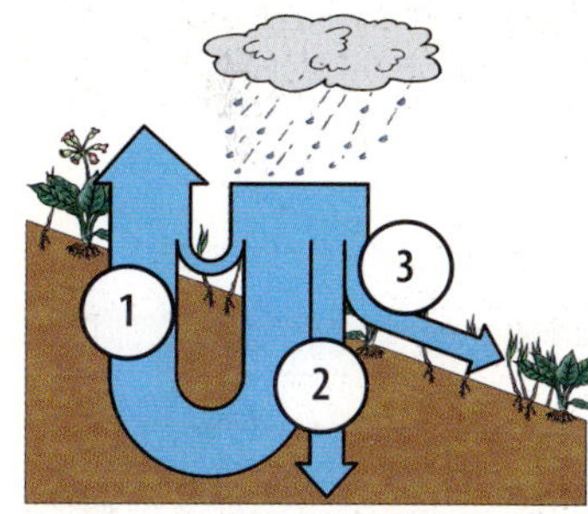

Unversiegelter Boden:
1. Hier wird ein großer Teil des Wassers wieder verdunstet.
2. Ein Teil gelangt ins Grundwasser.
3. Der Wasserabfluss ist relativ gering.

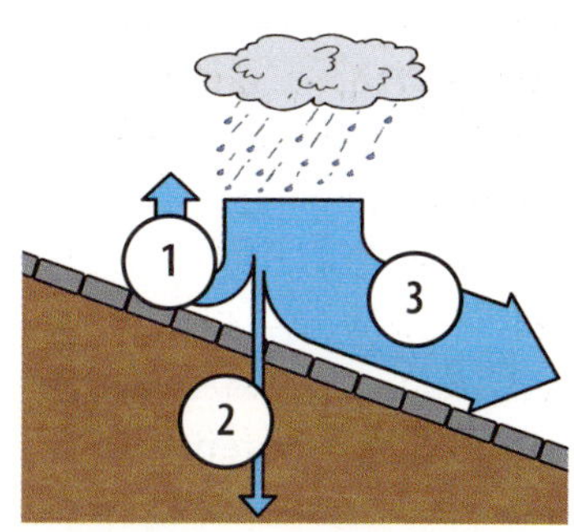

Versiegelter Boden:
1. Hier wird viel weniger Wasser verdunstet.
2. Auch ins Grundwasser gelangt nur ein kleiner Teil.
3. Das meiste Wasser fließt ungenützt und bedrohlich schnell ab.

Einzugsgebiet: Bereich eines Flusses, aus dem er durch Niederschläge und Zuflüsse mit Wasser versorgt (gespeist) wird

Verkehrszeichen: gilt für LKW-Fahrer, die wassergefährdende Stoffe geladen haben; zeigt an, dass sie hier besonders vorsichtig fahren müssen

Überlege, um welche Stoffe es sich dabei handeln könnte! Wo hast du schon einmal so ein Zeichen gesehen?

Wasserschutzzone – Hinweisschild

Welche weitere Schutzmaßnahmen für den Boden fallen dir ein? Diskutiert in der Klasse, wie ihr zum Bodenschutz beitragen könnt!

Ballonreifen: sehr breite und große weiche Reifen mit geringem Luftdruck, die den Boden weniger belasten

Die wichtigste Maßnahme zum Schutz des Bodens ist der möglichst **geringe Bodenverbrauch**. In Österreich werden jeden Tag ca. 20 Fußballfelder in Siedlungs- und Verkehrsflächen umgewandelt!

Vergleich des Hochwasserabflusses unter natürlichen Bedingungen, sowie in einem versiegelten Einzugsgebiet

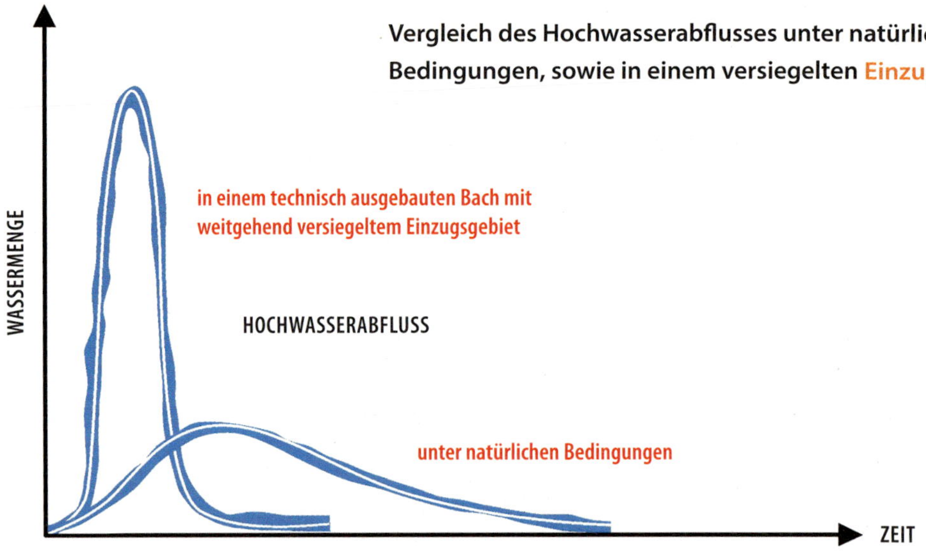

Überschwemmtes Siedlungsgebiet

Heute ist man sich der Bedeutung der Böden bewusst. Daher gibt es in den meisten europäischen und vielen anderen Ländern auch strenge Gesetze zum Bodenschutz. Dieser Schutz ist insbesondere im Zusammenhang mit dem Schutz des Wassers nötig, da verunreinigte Böden auch zu einer Verunreinigung des Wassers führen.

Dem Boden kann geholfen werden!

- **Vermeidung von Bodenversiegelung**: möglichst sparsamer Bodenverbrauch beim Bauen

- **Vermeidung von Bodenvergiftung**: Dies gelingt durch Vermeidung von Müll und richtige Müllentsorgung. Dazu gehören auch die richtige Entsorgung von Batterien, Hundekot, Zigarettenstummeln und anderen „kleinen" Abfällen.

- **Vermeidung von Bodenverdichtung**: Einsatz geeigneter Geräte in der Landwirtschaft wie **Ballonreifen**, die mehrere Arbeitsschritte bei einer Befahrung ermöglichen. Ebenso sollten die Felder nicht befahren werden, wenn der Ackerboden sehr nass ist.

- **Sparsame Verwendung von Kunstdünger und Pflanzenschutzmitteln** in der Landwirtschaft und in Gärten

- **Schonung der benachbarten Pflanzendecke** bei größeren Eingriffen in den Boden (Bau von Straßen, Pisten usw.)

Merke: Böden können kaum gereinigt werden!

Nun geht's los – Aufgaben für schlaue Köpfe!

1) **Was heißen diese Fachausdrücke?** Vervollständige die folgenden Sätze! ★★★★

Horizont bedeutet hier

Pedologie ist

Unter Muttergestein versteht man

Das Bodenprofil ist

2) Beschrifte diese Abbildung! Schreibe dazu die jeweils richtigen Namen der Bodenschichten auf die Linien! ★★

3) **Bodenhorizont oder Bodenprofil?** Betrachte die beiden Pfeile in der Abbildung zu Übung 2)! Wofür könnten die beiden Pfeile stehen? Schreibe die Begriffe in die beiden Pfeile! ★★★

Nun geht's los – Aufgaben für schlaue Köpfe!

4) **Boden-Werkstatt** - **Führe einfache Bodenversuche durch! Notiere dann hier die Ergebnisse deiner Bodenprobe! ★★★★**

A: Entnimm in verschiedenen Lebensräumen (z. B. Wald, Wiese, Acker) jeweils eine Handvoll Boden!

B: Stelle den Geruch einer Bodenprobe fest!

Mein Boden riecht nach ______________________________
(Pilzen, Laub, Schmutz, Garten, Wald…)

C: Beschreibe die Bestandteile!
Ich sehe/finde in meiner Bodenprobe ______________________

____

D: Versuche, eine kleine Menge Bodenmaterial zu kneten!

Ich spüre ______________________________

E: Unterstreiche das Wort, das am ehesten passt!

Die Farbe meines Bodens ist **hellbraun/dunkelbraun/schwarz/**grau/**rötlich/gelblich.**

5) **Führe eine Sedimentationsprobe durch! ★★**

Versuchsdurchführung:

A: Nimm ein verschließbares Schraubglas!
B: Fülle etwas Erde in ein Glas und gib ein wenig Wasser dazu!
C: Schüttle alles kräftig durch und lass die Mischung dann stehen!

Zeichne nun dein Ergebnis in das große Schraubglas ein!

Was passiert?

____

____

____

____

____

____

____

____

Geologie und Boden REPORT

Am Meeresstrand bei Wien ...

... hätten Sie vor 16,5 Mio. Jahren Ihren Urlaub verbringen können. Das Korneuburger Becken (Niederösterreich) war damals von Meer bedeckt. Heute findet man in diesem Gebiet zahlreiche Fossilien von Meerestieren. So können Sie in der Fossilienwelt Weinviertel in Stetten neben Überresten von Seekühen, Krokodilen und Delfinen auch das weltweit größte fossile Austernriff mit den versteinerten Schalen von mehr als 15 000 Riesenaustern und die größte Perle der Welt bestaunen.

Nähere Informationen unter: www.fossilienwelt.at

Noch „wachsen" die Alpen, doch manchmal werden sie auch kleiner

Die Alpen wirken fest und stabil. Trotzdem sind sie ständig in Bewegung und wachsen um etwa einen halben Zentimeter pro Jahr. Auf der anderen Seite verlieren die Alpen aber auch durch Verwitterung ständig an Substanz. Das wird besonders deutlich, wenn markante Orte ihr Aussehen verändern wie die Bischofsmütze als höchster Gipfel des Gosaukammes im Dachsteinmassiv. Im Jahr 1993 kam es zu einem gigantischen Bergsturz, bei dem ein großer Teil des Gipfels wegbrach.

Bischofsmütze vor dem Bergsturz und danach

Lassen Sie sich nicht zum Narren machen!

Wenn Sie auf Goldsuche gehen, lassen Sie sich nicht täuschen. Der Chalkopyrit ist ein Mineral, das golden glänzt. Er ist aber ein weitaus weniger wertvolles Mineral. Deswegen wird er auch „Narrengold" genannt. Im 19. Jh. – der großen Zeit der Goldschürfer – glaubten Goldsucher oft, sie hätten ein Vermögen gefunden. Dabei hatten sie nur wertloses Gestein in den Taschen.

Diamanten – die edlen Verwandten der Kohle

Die härtesten Mineralien sind die Diamanten. Sie bestehen, so wie Grafit (Material, aus dem auch Bleistiftminen bestehen), aus reinem Kohlenstoff und entstehen im Erdmantel in einer Tiefe von etwa 150 km bei hohem Druck und hoher Temperatur. Der weltweit größte jemals entdeckte Rohdiamant wurde in Südafrika gefunden und heißt nach seinem Finder „Cullinan".

Wie viele Bodenschätze verbraucht ein Mensch?

Im Verlauf von 70 Lebensjahren verbraucht jeder von uns:

- 460 t Sand, Kies und Naturstein für Straßen, Glas, Häuser, Rollsplitt und Beton
- 166 t Erdöl für Benzin, Diesel und Kunststoffe
- 99 t Kalkstein für Mauerstein, Pflasterstein, Verputz und Mörtel
- 39 t Stahl für Autos, Maschinen und Stahl in Bauten

Mehr als 20 Geologie-Lehrpfade in Österreich

Der Geo-Trail Tauernfenster in Heiligenblut (Kärnten) ist einer von mehr als 20 Geologie-Lehrpfaden in Österreich. Auf einer Länge von 5,4 km können Sie durch das geologisch interessanteste Gebiet der Hohen Tauern wandern. In 13 Stationen wird über die Geologie der Hohen Tauern informiert. Der Lehrpfad bietet großartige Aussicht auf mehr als hundert Dreitausender (über 3 000 m hohe Alpengipfel), inklusive dem Großglockner.

Unglaublich, aber wahr!

- **Alles Gold, das bisher auf unserer Erde gefördert wurde, ergäbe einen Würfel von nur ca. 20 m Kantenlänge.**
- **Vor dem 16. Jh. lag eine der weltweit wichtigsten Förderstätten für Gold in den Hohen Tauern.**
- **Vom 15. bis zum 19. Jh. wurden in Schwaz in Tirol mehr als 2 500 t Silber abgebaut.**
- **Zur Herstellung von Mobiltelefonen werden hauptsächlich sechs Bodenschätze benötigt: Aluminium, Silizium (wird aus Quarz gewonnen), Kupfer, das leichte Metall Lithium für die Akkus, Tonminerale und das extrem seltene Metall Tantal für elektronische Bauteile.**
- **Durch Recycling von nicht mehr verwendeten Handys ließen sich mindestens 40 % der Stoffe wiedergewinnen.**

Tausendfüßer oder Krebstier? – So leicht sehen Sie den Unterschied

Saftkugler und Asseln sind einander auf den ersten Blick recht ähnlich: Um sie unterscheiden zu können, zählen Sie einfach ihre Beine! Asseln, die ja zu den Krebstieren zählen, haben 7 Beinpaare, Saftkugler, die zu den „Tausendfüßern" zählen, haben hingegen immerhin 17.

Für unsere Leser und Leserinnen:

Welches Tier ist auf dieser stark vereinfachten Zeichnung zu sehen?

CHARLES DARWIN UND DIE REGENWÜRMER

Zu Charles Darwins Zeiten galten Regenwürmer als Schädlinge. Darwin wollte das nicht glauben und beobachtete sie daher sehr genau.
Ja, er spielte im Zuge seiner Forschungen sogar auf dem Klavier für die Regenwürmer. Damit wollte er herausfinden, ob sie hören können. Die Ergebnisse seiner Forschung fasste er in seinem Buch „Die Bildung der Ackererde durch die Thätigkeit der Würmer" zusammen.
Die meisten seiner Erkenntnisse sind auch heute noch gültig. Nach zehn Jahren genauer Forschung sagte er daher völlig zu recht: „Mindestens die obersten zehn Zentimeter jeder Wiese und jedes Ackers sind mehrmals durch die Därme von Regenwürmern gewandert."

Wohin verschwindet unser Boden?

Zahlen zur Bodenversiegelung in Österreich stimmen nachdenklich: Jeden Tag verschwindet eine Fläche so groß wie zehn Fußballfelder unter Bauwerken und Straßen in Österreich. Unter dieser Fläche kann weit weniger Wasser versickern, es kommt kaum Luft mehr dazu und daher gibt es auch fast keine Bodenlebewesen.

REGENWÜRMER-NEWS:

Regenerationsvermögen – die Fähigkeit etwas wieder nachzubilden: Regenwürmer können, wenn sie durchtrennt werden, ihr Hinterende wieder fast vollständig ausbilden.
Autotomie – die Fähigkeit bei Gefahr einen Körperteil abwerfen zu können: Wird ein Regenwurm von einem Fressfeind gepackt, schnürt er an seinem Hinterende eine Reihe von Segmenten ab. Diese überlässt er dem Räuber, während er sich mit seinem restlichen Körper in Sicherheit bringt.

ÜBRIGENS: Weltweit gibt es etwa 3 000 verschiedene Regenwurmarten. Die kleinsten werden nur wenige Millimeter groß, die größte Art ist der in Australien lebende Megascolides Australis, der bis zu 3 m lang werden kann.

Unglaublich, aber wahr!

- In einem Zündholzkopf haben mehr als 100 Milben und Springschwänze Platz.
- Einige Tausendfüßerarten geben bei Gefahr ein übel riechendes blausäurehältiges Sekret ab, das ihre Feinde fernhält.
- In den Tropen fangen die Kapuzineraffen große Tausendfüßer. Sie reiben sich zum Schutz vor Mücken mit dem stinkenden giftigen Sekret ein.
- Tausendfüßer gab es schon vor über 400 Mio. Jahren. Vor 300 Mio. Jahren lebte Arthopleura. Er war 2 m lang.
- Keine Tausendfüßerart hat tatsächlich 1 000 Beine. Die Art mit den meisten Beinen lebt in Kalifornien (USA). Sie hat aber „nur" 750 Beine.

Buchtipps

Jürgen Dittmann, Heinrich Köster: Tiere in Kompost, Boden und morschen Bäumen. Verlag an der Ruhr, Mülheim an der Ruhr, 1999.

memo Wissen entdecken, Band 17: Gesteine & Mineralien. Dorling Kindersley Verlag, München, 2011.

Werner Buggisch: WAS IST WAS? Band 45: Mineralien und Gesteine. Tessloff Verlag, Nürnberg, 2010.

Ben Morgan: Naturforscher – Steine und Fossilien: Beobachten und experimentieren. Dorling Kindersley Verlag, München, 2006.

18. WIESENARTEN

Die meisten Wiesen sind Grünland, das landwirtschaftlich genutzt wird. Sie werden so oft wie möglich gemäht, um **Heu** (getrocknetes Gras) und vor allem **Grassilage** zu erhalten. Durch das Schneiden von Gras – die **Mahd** – wird das Wachsen von Büschen und Bäumen verhindert. Wiesen sind Lebensräume, die seit Jahrtausenden durch Menschen geschaffen, erhalten und verändert wurden. Man unterscheidet zwischen Naturwiese und Kulturwiese.

Grassilage: Gras wird in Kunststofffolie verpackt und durch Gärung haltbar gemacht, um als Futtermittel zu dienen.

Alpiner Rasen

Naturwiesen

Naturwiesen gibt es nur dort, wo **keine Bäume wachsen können**. In Österreich kommen sie im Gebirge oberhalb der Baumgrenze vor, aber auch in besonders trockenen Gebieten und dort, wo der Boden sehr feucht oder besonders salzhaltig ist. Zu den Naturwiesen zählt man: Bergwiesen, alpine Rasen, Moorwiesen, Trockenwiesen und Salzwiesen.

Sommerwiese

Regenerationsvermögen: Fähigkeit, etwas wieder nachzubilden

Moorwiese

Kulturwiesen

Kulturwiesen sind vom Menschen **zur Heugewinnung genutzte Wiesen.** Wie oft eine Wiese gemäht werden kann, hängt vom **Klima**, vom **Boden**, vom **Grundwasser** und von der **Düngung** ab. Die Mahd stellt einen starken Eingriff in das natürliche Wachstum der Pflanzen und in den Stoffkreislauf der Wiese dar.

Viele Wiesenpflanzen besitzen ein großes **Regenerationsvermögen**. Wie auf dieser Abbildung zu sehen ist, reagieren die einzelnen Pflanzen auf die Mahd auf unterschiedliche Art und Weise.

Durch die **intensive Nutzung** hat sich der Mahd-Rhythmus in den letzten Jahren grundlegend geändert. Es wird mehr gedüngt und öfter gemäht. Dadurch kommt es jedoch zu einer häufigeren Störung der auf der Wiese lebenden Tiere und ihre Anzahl geht zurück, manche verschwinden sogar vollständig.

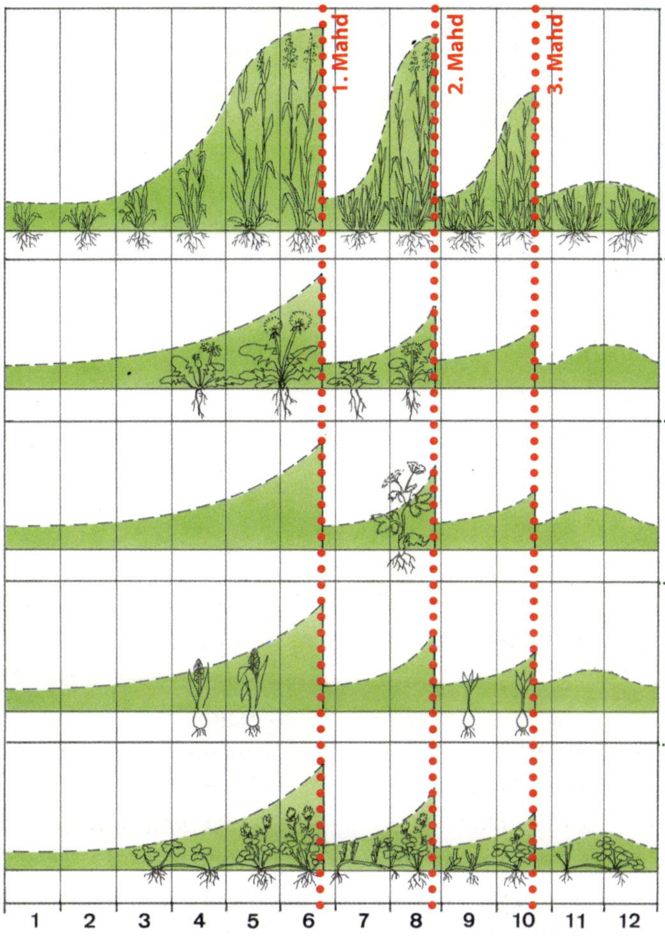

Entwicklung der Wiese nach jeder Mahd

Die Zahl der **Grashalme** nimmt nach jeder Mahd zu.

Der **Löwenzahn** überdauert die Mahd mit den Blattrosetten.

Der **Bärenklau** blüht zwischen der ersten und zweiten Mahd.

Die **Herbst-Zeitlose** blüht nach der zweiten Mahd und wird bestäubt. Die Samen bilden sich erst im nächsten Frühjahr.

Gänseblümchen bilden Ersatzsprosse, aus denen Blätter und Blüten wachsen.

Pflanzen der Fettwiese

Wiesen-Bocksbart

Kuckucks-Lichtnelke

Wilde Möhre

Weiß-Klee

Herbst-Zeitlose

Überlege, warum auf Fettwiesen nicht so viele verschiedene Tierarten vorkommen! Begründe deine Meinung!

konkurrieren: wetteifern

In welchen Lebensräumen gibt es auch Stockwerke?

Magerwiesen: Diese wachsen auf **nährstoffarmen Böden**. Magerwiesen sind fast immer bunte Blumenwiesen mit zarteren und daher weniger auffallenden Gräsern. Die **zahlreichen Arten von Blütenpflanzen**, die hier wachsen, haben meist kleine Blüten. Die Pflanzen der Magerwiese wachsen nur langsam. Daher bringen Magerwiesen für die **Landwirtschaft wenig Ertrag**, da sie nur einmal im Jahr gemäht werden können.

Magerwiese mit einer bunten Vielfalt an Blütenpflanzen

Einjährige Wiesenpflanzen haben dadurch genügend Zeit zu wachsen, zu blühen und Samen zu entwickeln. Die **Artenvielfalt der Pflanzenwelt** bleibt auf der Magerwiese erhalten. Dadurch können auch die unterschiedlichsten Tierarten hier leben und die **Artenvielfalt der Tiere** bleibt ebenfalls erhalten.

Fettwiesen: Diese gedeihen auf **humus- und mineralstoffreichem Boden**. Diese Wiesen bringen der Landwirtschaft gute Erträge. Um diese noch zu erhöhen, werden die Wiesen zusätzlich gedüngt. Bestimmte Pflanzen wachsen und fruchten daraufhin schneller als andere. Man kann diese Wiesen öfter mähen. Einjährige Pflanzen gehen so jedoch verloren, weil sie abgemäht werden, bevor sie Samen bilden können oder diese reif werden. Fettwiesen sind arm an Pflanzenarten und in der Folge auch an Tierarten.

Fettwiese

Die Stockwerke der Wiese

Die Wiesenpflanzen **konkurrieren** um Licht, Platz und günstige Bedingungen für ihre Vermehrung. Die unterschiedlichen Bedürfnisse der Pflanzen führen zum Schichtenbau der Wiese. Nach jeder Mahd wird dieser Stockwerkbau neu gebildet und sieht etwas anders aus.

obere Krautschicht:
Obergräser und hochwüchsige Blütenpflanzen

untere Krautschicht:
Untergräser und Blütenpflanzen

Streuschicht:
wenige bodennahe Pflanzen, Moose

Wurzelschicht:
Durch die Artenvielfalt der Pflanzen reichen die Wurzeln unterschiedlich tief in den Boden, sodass alle Pflanzen gut mit Wasser und Mineralstoffen versorgt werden können.

Schichten der Wiese

19. GRÄSER DER WIESE

Gräser sind **einkeimblättrige** Blütenpflanzen. Als Windblütler brauchen sie keine bunten Blüten zum Anlocken der Insekten. Aus ihrem Samen wächst nach oben ein Keimblatt. Erst später kommen weitere Blätter dazu. Einkeimblättrige Pflanzen haben meist parallele Blattnerven. Gräser geben der Wiese ihr typisches Erscheinungsbild. Man unterscheidet **Sauergräser** und **Süßgräser**.

- **Sauergräser** (z. B. Seggen, Binsen) wachsen auf feuchten oder nassen Wiesen. Ihre Stängel und Blätter sind hart und als **Futter ungeeignet**, deshalb wurden sie früher als Streu verwendet.

- **Süßgräser** wachsen auf Futterwiesen und werden entweder als **Grünfutter** oder **Heu** verwendet.

Keimender Same einer einkeimblättrigen Pflanze

Vergleiche die Abbildung mit der keimenden Bohne auf Seite 111! Was fällt dir auf?

Grünfutter: Gras, Kräuter

Die **Obergräser** einer Futterwiese können bis zu 1,5 m hoch werden. Sie besitzen lange, kräftige Halme, Blätter und einen großen **Blütenstand**. Die folgenden Fotos zeigen dir einige solcher Gräser.

Wiesen-Fuchsschwanz

Gewöhnlicher Glatthafer

Wiesen-Lieschgras

Die **Untergräser** verdichten die Wiese nach jeder Mahd, da die Zahl der Grashalme zunimmt. Die folgenden Gräser gehören zu dieser Gruppe

Englisches Raygras

Wiesen-Rispengras

Zittergras

Blütenstände der Süßgräser:

Ähren: Mehrere Blüten wachsen direkt an der Hauptachse wie beim Englischen Raygras.

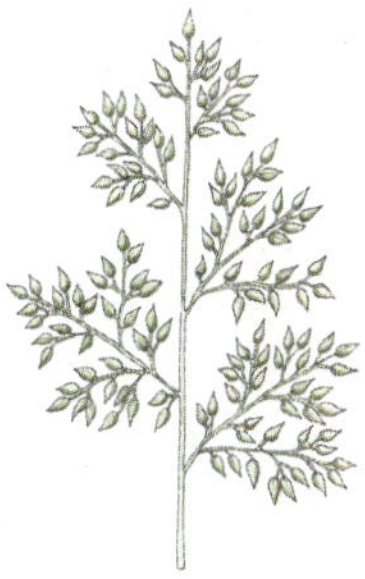

Rispen: Viele gestielte Blüten wachsen auf verzweigten Seitenachsen wie beim Glatthafer oder beim Zittergras.

Ährenrispen: Rispe mit kurzen verzweigten Seitenachsen wie beim Fuchsschwanz oder Wiesen-Lieschgras.

Halme sind hoch, aber stabil!

Die Sprossachse, der **Halm**, wächst schnell und kann sehr hoch werden. Der Halm ist **röhrenförmig** und hat in gewissen Abständen **Knoten**. Er ist dadurch sehr stabil, aber auch elastisch. Auch hohe Grashalme können sich daher im Wind bewegen, ohne zu brechen.

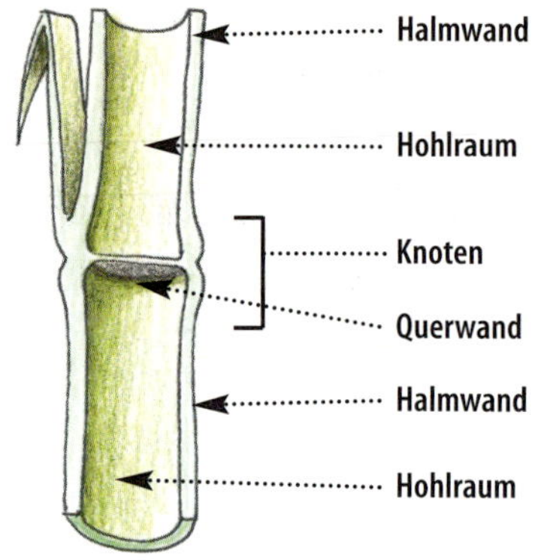

Halm

Stoffkreislauf im Ökosystem Wiese

Pflanzen und Tiere, die auf einer Wiese leben, stehen in Beziehung zueinander und sind voneinander abhängig.

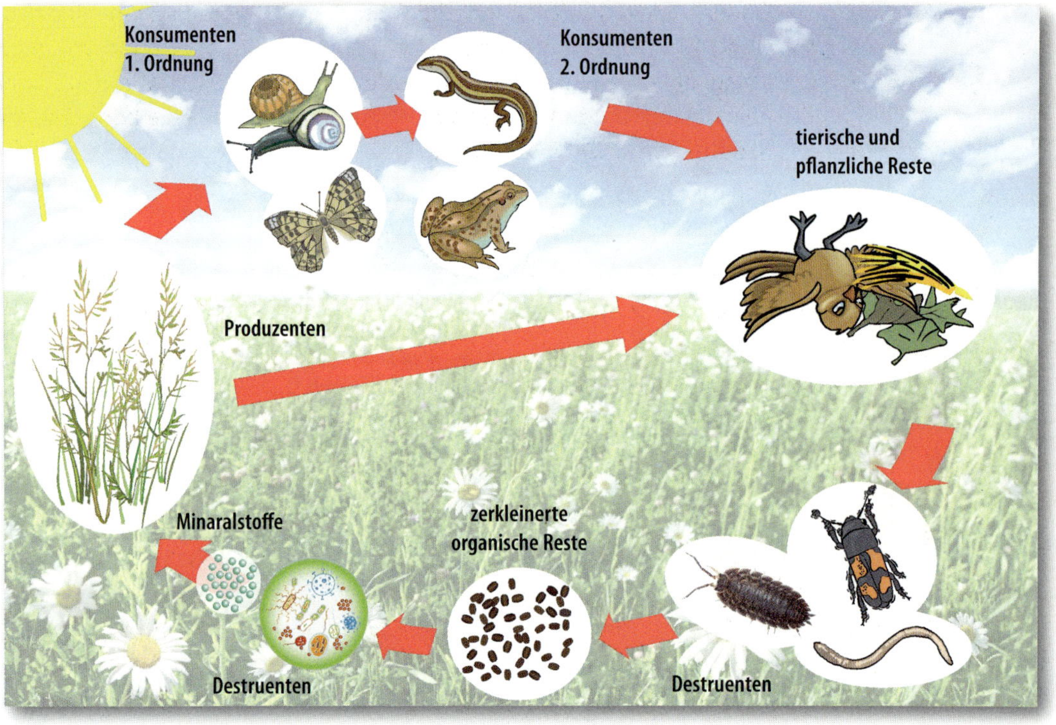

Ein möglicher Stoffkreislauf im Ökosystem Wiese (ohne Berücksichtigung von Mahd und Düngung)

PRODUZENTEN: Alle **Pflanzen** sind als **Produzenten** stets der Ausgangspunkt in jedem Nahrungsnetz. Sie sind Nahrungsquellen für viele Tiere.

KONSUMENTEN 1. ORDNUNG: Manche Tiere wie einige Raupen ernähren sich von den Blättern der Wiesenpflanzen, während andere Tiere wie die Engerlinge oder Wühlmäuse die Wurzeln der Pflanzen fressen. Bienen und andere Insekten leben vom Nektar der Blüten. Samen und Früchte werden von Mäusen verzehrt. Läuse saugen Pflanzensäfte. Diese Tiere werden als **Konsumenten 1. Ordnung** bezeichnet.

KONSUMENTEN 2. ORDNUNG: Dazu zählen Spinnen, Frösche, Eidechsen, Kröten, Spitzmäuse und Singvögel. Ihnen dienen die Konsumenten 1. Ordnung als Nahrung. Auch Greifvögel, Marder und Wiesel sind Konsumenten **2. Ordnung**.

DESTRUENTEN: Käfer, Regenwürmer und Asseln fressen tote Tiere, Tierkot, sowie abgestorbene Pflanzen und Pflanzenteile. Eine Untergruppe der **Destruenten** sind die sogenannten **Mineralisierer**. Zu diesen zählen die Bakterien. Die Mineralisierer bauen organische Substanzen in anorganische ab. Diese Mineralstoffe verwenden die Wiesenpflanzen zum Aufbau von organischem Material. Der Kreislauf beginnt damit wieder von vorne.

Die Definition eines Ökosystems kennst du aus der zweiten Klasse. Im Kästchen findest du noch einmal eine kurze Erklärung!

Biotop
die unbelebte Natur und ihre **biotischen und abiotischen** Umweltbedingungen
+ Biozönose
Lebensgemeinschaft von Tieren, Pflanzen, Pilzen der Wiese, die belebte Natur
= Ökosystem

biotische Faktoren: Wechselwirkungen zwischen den Lebewesen

abiotische Faktoren: z. B. Temperatur, Wasser, Licht

Erinnere dich! In welchem Zusammenhang hast du schon von anderen Ökosystemen gehört?

Die meisten **Wiesen** sind von Menschen geschaffene Lebensräume. **Gräser** und **krautige Pflanzen** prägen das Bild einer Wiese. Wiesen haben Schichten. Man unterscheidet die **obere Krautschicht**, die **untere Krautschicht**, die **Bodenschicht** und die **Wurzelschicht**. Die **Mahd** ist ein bedeutender Eingriff in das Wachstum der Pflanzen.

Nun geht's los – Aufgaben für schlaue Köpfe!

1) **Alles über Wiesen** – Bei diesen kurzen Beschreibungen von Naturwiesen sind die Überschriften verloren gegangen. **Finde die passenden Überschriften! ★★★** Tipp: Die Namen der Naturwiesen findest du auf S. 75!

__________________ *wiese*

Diese Wiesenform findest du in Österreich im burgenländischen Seewinkel. Da im Sommer die Verdunstung von Wasser stärker ist als der Niederschlag, gelangen Salze aus dem Boden an die Oberfläche. Daher können hier nur Pflanzen wachsen, denen das Salz nichts ausmacht.

__________________ *wiese*

Diese Wiese entwickelt sich auf trockenen Standorten mit nur gering entwickeltem Bodenprofil. Wegen des Wasser- und Nährstoffmangels gedeihen hier Pflanzen, die eine hohe Trockenheitsresistenz besitzen.

__________________ *wiese*

Diese Wiesenform kann nur oberhalb der Baumgrenze entstehen. Lediglich im Sommer gibt es für kurze Zeit bunte Blüten, sonst dominieren die Gräser.

__________________ *wiese*

Der Grundwasserspiegel ist sehr hoch. Die wasserdurchtränkte Bodenschicht ist nährstoffarm und bietet nur speziellen Pflanzenarten einen geeigneten Lebensraum.

2) **Weißt du noch?** Wie heißen die Stockwerke der Wiese? Welche Pflanzen gibt es dort? **Setze richtig ein und zeichne auch Pfeile zu den Schichten! ★**

__________________ *Krautschicht:*

Obergräser und __________________

__________________ :

__________________ *und Blütenpflanzen*

__________________ :

wenige bodennahe Pflanzen und

____

__________________ :

Pflanzen werden mit __________________ *und*

__________________ *versorgt.*

Nun geht's los – Aufgaben für schlaue Köpfe!

3) Bei diesem Schaubild ist der Text teilweise verblasst. Hast du dir gemerkt, wer hier die Konsumenten, Produzenten und Destruenten sind? – **Trage ein! ★★**

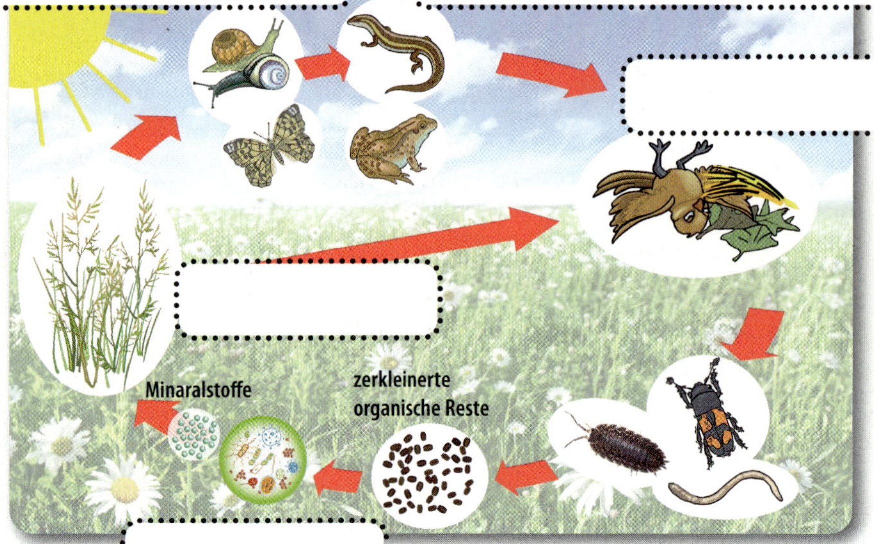

Konsumenten 1. Ordnung ★
Destruenten ★
Produzenten ★
tierische und pflanzliche Reste ★
Konsumenten 2. Ordnung

4) **Erinnere dich – Wie heißen diese Gräser?** Gehören sie zu den Ober- oder Untergräsern? **Fülle die Lücken! ★★**

______________________	Wiesen-Fuchsschwanz	______________________
☐ Obergräser	☐ Obergräser	☐ Obergräser
☐ Untergräser	☐ Untergräser	☐ Untergräser

5) **Auf welcher Wiese findet man so viele verschiedene Wiesenblumen? Begründe deine Meinung! ★★★**

Wiesenart: ______________________________

Warum: ______________________________

____

____

____

____

20. DER WIESEN-SALBEI UND ANDERE WIESENPFLANZEN

Blüten locken Insekten an

Wiesen-Salbei

Durch ihren **Duft**, ihr **Aussehen** oder ihre **Farbe locken Blüten Insekten an**, damit diese zu den Blüten kommen und sie bestäuben. Zumeist werden die Blüten von verschiedenen Insekten besucht und bestäubt. Manche Blüten sind aber so gebaut, dass sie nur von einer bestimmten Insektenart besucht werden, weil nur diese Zugang zum Nektar in der Blüte findet.

Der **Wiesen-Salbei, ein Taubnesselgewächs**, lockt mit seiner Blütenfarbe vor allem **Hummeln** an. Daher nennt man den Wiesen-Salbei auch Hummelblume.

Die Bestäubung der Blüte geschieht auf folgende Art und Weise:

1.

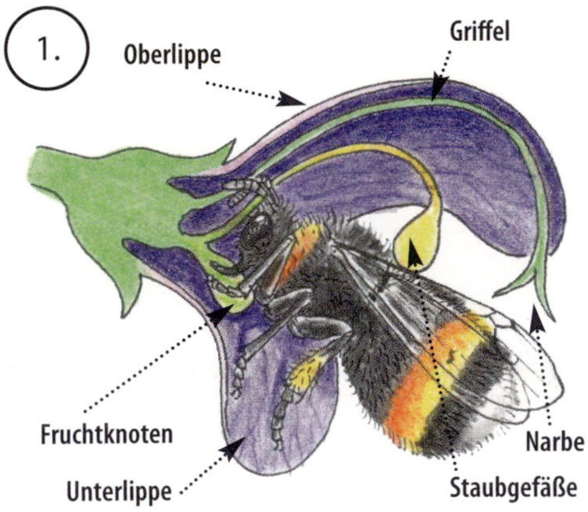

Pollen kommt auf den Rücken der Hummel.

1. Die Hummel setzt sich auf die Unterlippe der Blüte und versucht mit ihrem Rüssel, den Nektar in der Blüte zu erreichen. Dabei berührt sie einen **Hebel**, der mit den Staubblättern verbunden ist.

Dadurch senken sich die langen Staubblätter in der Blüte und klopfen auf den Rücken der Hummel. Dabei bleiben Pollen am Rücken der Hummel kleben und werden so zur nächsten Blüte transportiert.

2.

Pollen wird an der Narbe abgestreift.

2. Beim Besuch der nächsten Salbeiblüte **streift** die Hummel beim Hineinkriechen in die Blüte mitgebrachte Pollen an **der Narbe der Blüte ab**.

Erst wenn sie tiefer in die Blüte gekrochen ist, berührt sie den Hebel. Die Staubblätter dieser Blüte senken sich und wieder werden Pollen auf dem Rücken der Hummel abgeladen.

Die Hummel fliegt für kurze Zeit immer wieder nur Salbeiblüten an. Dieses Verhalten nennt man **zeitlich begrenzte Blütentreue**. Daher ist die Wahrscheinlichkeit groß, dass viele Salbeiblüten bestäubt werden. Der Wiesen-Salbei und die Hummeln gehen für die Bestäubung eine **Symbiose** ein. Die Hummel erhält Nektar, während die Blüten des Salbeis bestäubt werden.

Andere Taubnesselgewächse:

Thymian

Echter Lavendel wird von einer Hummel besucht.

Die ökologische Nische – „Beruf" und „Rolle" eines Lebewesens

In Lebensräumen wird alles genützt, bewohnt und verwertet. Jedes Lebewesen hat ganz spezielle Ansprüche an den jeweiligen Lebensraum und erfüllt selbst spezielle Aufgaben. So werden z. B. Blüten von bestimmten Insekten bestäubt, die wiederum gerade bei diesen Blüten Nektar und Pollen sammeln können. Das ist der Grund, warum sie nebeneinander in einem Biotop leben können.

Parasitär lebende Pflanzen

Auch andere Pflanzenarten können auf Grund ihrer speziellen Eigenschaften im Lebensraum Wiese überleben. So besetzen Pflanzen, die parasitär leben, **besondere ökologische Nischen**.

einjährige Pflanze: Pflanze lebt einen Sommer lang, stirbt ab, Samen überdauern den Winter und bilden im nächsten Jahr wieder neue Pflanzen.

mehrjährige Pflanze: Pflanze lebt zwei Jahre oder länger und kann in dieser Zeit mehrmals blühen und Samen ausbilden.

VOLLSCHMAROTZER: Die Pflanzen der Gattung Sommerwurz sind krautige, **ein-** oder **mehrjährige** **parasitäre Blütenpflanzen**. Als **Vollschmarotzer** sind sie völlig von ihren Wirtspflanzen abhängig. So besitzt die **Thymian-Sommerwurz** kein Blattgrün, betreibt keine Fotosynthese und ihre Laubblätter sind sehr klein. Sie saugt mit speziellen Saugorganen Wasser und Nährstoffe aus den Leitungsbahnen ihrer Wirtspflanze, dem Thymian.

HALBSCHMAROTZER: Steifer Augentrost und **Zottiger Klappertopf** sind **Halbschmarotzer**. Sie entziehen den Graswurzeln Wasser und Mineralstoffe. Da sie im Gegensatz zu den Vollschmarotzern Fotosynthese betreiben können, wandeln sie Wasser und Mineralstoffe zu Nährstoffen um.

mindern: verringern

Thymian-Sommerwurz

Steifer Augentrost

Zottiger Klappertopf

Täuschung ist alles
Die Unterlippe der Hummel-Ragwurzblüte sieht ähnlich aus wie der Hinterleib eines Hummelweibchens.
So werden die Hummelmännchen angelockt, die dann die Blüte bestäuben.

Kommen diese Pflanzen in großer Zahl vor, **mindern** sie den Ertrag der Wiese. Den Bauern sind sie daher nicht willkommen.

Seltene Wiesenpflanzen

Auf Kulturwiesen wachsen auch Pflanzen, die so selten vorkommen, dass sie unter Naturschutz stehen. Dazu gehören die unten abgebildeten Pflanzen.

Hummel-Ragwurz

Helm-Knabenkraut

Geflecktes Knabenkraut

Die Samen dieser seltenen Pflanzen gehen mit Pilzfäden eine **Symbiose** ein, damit sie genügend Mineralstoffe bekommen und keimen können. Sobald die Pflanze gewachsen ist und mit der Fotosynthese beginnt, erhält der Pilz Nährstoffe von der Pflanze.

Blütenpflanzen locken mit dem **Duft**, ihrem **Aussehen** oder mit der **Farbe** ihrer Blüte Insekten an, die sie dann bestäuben.
Manche Wiesenpflanzen gehen mit anderen eine **Symbiose** ein (Knabenkräuter) oder sind **Halb-** bzw. **Vollschmarotzer**, um leben zu können.

Nun geht's los – Aufgaben für schlaue Köpfe!

1) **Wie ging das noch einmal?** Erinnere dich zuerst an die Bestäubung der Blüte des Wiesen-Salbeis! **Zeichne dann die fehlenden Blütenteile richtig ein! Zum Schluss beschrifte die Teile dieser Pflanze, indem du Pfeile zu den passenden Begriffen zeichnest!★★**

2) **Beschreibe nun mit eigenen Worten die Bestäubung einer Wiesen-Salbeiblüte! ★★★**

Bild 1: ______________________________

____

____

____

____

____

____

Bild 2: ______________________________

____

____

Nun geht's los – Aufgaben für schlaue Köpfe!

3) **Wiesen-Quiz** – Ringle das Richtige ein! Wenn du richtig antwortest, ergeben die Buchstaben ein Taubnesselgewächs! ★★

Der Wiesen-Salbei ist eine

ÄH: Bienenblume **ES:** Wespenblume **TH:** Hummelblume

Wiesen-Salbei und Echter Lavendel gehören zu den …

MIA: Kreuzblütlern **OMI:** Gräsern **YMI:** Taubnesselgewächsen

Von einer zeitlich begrenzten Blütentreue spricht man, wenn …

UN: die Blüte nur eine kurze Zeit blüht und dann abfällt.

AN: Insekten eine Zeit lang immer die gleichen Blüten besuchen.

EN: Pflanzen die Blütenfarbe wechseln.

LÖSUNGSWORT: . . . .

4) **Wie heißen diese Pflanzen?** Ordne die Buchstaben in den Kästen den Bildern zu! ★★★

NIS: Steifer Augentrost ★ GI: Zottiger Klappertopf ★ ÖK: Thymian-Sommerwurz ★ SCHE: Hummel-Ragwurz ★ CHE: Helm-Knabenkraut ★ OLO: Geflecktes Knabenkraut

LÖSUNGSWORT: . . . .

21. TIERE DER WIESE

Auch die Tiere sind Teil des Ökosystems Wiese. In der Wiese finden viele verschiedene Tierarten Schutz, Nahrung und Brutplätze.

Insekten auf der Wiese

Wie du bereits im vorangegangenen Kapitel gelernt hast, haben sich manche Blütenpflanzen auf die Bestäubung durch bestimmte Insektenarten **spezialisiert**. Auch für andere Insektenarten und deren Larven bietet die Wiese Nahrung und Lebensraum.

An den Stängeln mancher Wiesenpflanzen findet man im Frühsommer Schaumhäufchen. Diese werden auch „Kuckucksspeichel" genannt, haben aber mit dem Kuckuck nichts zu tun. In diesen Schaumhäufchen wachsen die **Larven** der **Schaumzikade** heran. Sie sind in dieser feuchten Umgebung vor Feinden und vor dem Austrocknen geschützt.

Schaumhäufchen der Schaumzikade

Schaumzikade

Die **Raupe** des **Wolfsmilchschwärmers** ernährt sich von den Blättern der **Zypressen-Wolfsmilch**. Das erwachsene Tier ist einer der größten bei uns heimischen Schmetterlinge. Seine Flügelspanne beträgt zwischen 70 und 90 mm. Der Wolfsmilchschwärmer ist besonders schön gefärbt.

Raupe und Wolfsmilchschwärmer

Zypressen-Wolfsmilch

Feldgrille

Zirpen die **Feldgrillenmännchen** im Sommer, so tun sie das durch das Aneinanderreiben ihrer Deckflügel. Sie locken damit Weibchen an, mit denen sie sich paaren. Die Männchen sitzen dabei in ihrer selbst gegrabenen Höhle. Kommt ein anderes Männchen zur Höhle, wird es vertrieben.

Feldgrillen überwintern als Larven.

spezialisiert: hier: Die Blüte ist so gebaut, dass nur ganz bestimmte Insekten den Nektar erreichen können.

Andere Insekten auf der Wiese:

Schwalbenschwanz

Raupe des Schwalbenschwanzes

Feldheuschrecke

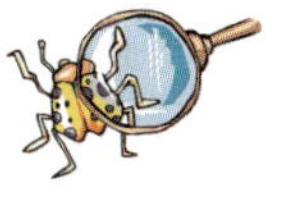

Kleine Wiesentiere lassen sich gut mit einer Becherlupe betrachten. Fange sie vorsichtig! Schmetterlinge und Libellen sollst du nicht fangen!

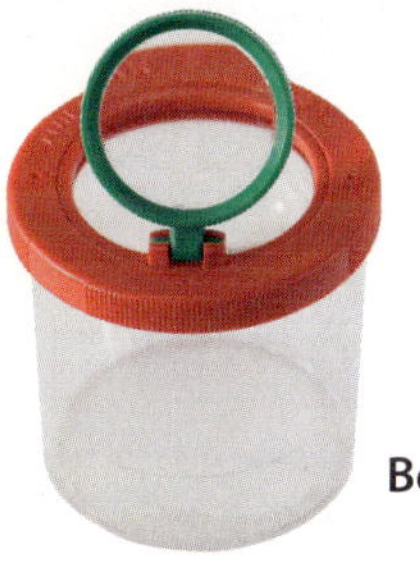

Becherlupe

Wirbeltiere auf der Wiese

Auch manche Vögel und Säugetiere sowie Echsen (z. B. Blindschleiche) und Lurche (z. B. Grasfrosch, Erdkröte) bewohnen den Lebensraum Wiese. Die hier ausgewählten Tiere zeigen dir, welche gefährdeten Tiere auf manchen Wiesen noch zu beobachten sind.

Großtrappe: Das Männchen ist zwischen 8 und 15 kg schwer, das Weibchen bis zu 5,3 kg.

Großtrappe: Diese ist einer der schwersten flugfähigen Vögel der Welt. Durch die Umwandlung von Wiesen in Ackerland ist ihr Bestand **gefährdet**. Diese scheuen Vögel werden durch die landwirtschaftliche Nutzung sowohl bei der **Balz** als auch während der **Brutzeit gestört**. In den letzten Jahren hat ihre Zahl stark abgenommen. So findet man heute nur noch etwa 100 Exemplare auf großen Wiesen und **Brachen** im Osten Österreichs.

Brache: Feld, das vorübergehend nicht landwirtschaftlich genutzt wird

Feldlerche: Sie ist ein **Bodenbrüter**. Die Feldlerche baut ihr Nest in eine Mulde, die sie selbst in den Wiesenboden gescharrt hat. Als Baumaterial für ihr Nest verwendet sie Grashalme. Bei der Eiablage, die Ende März bis Mitte April erfolgt, werden 2 bis 6 Eier ins Nest gelegt. Die Brutzeit dauert bis zu 12 Tage. Die geschlüpften Jungen werden von beiden Elternteilen gefüttert. Geschützt durch das hohe Gras können die Jungen heranwachsen. Eine besondere **Gefahr** für diese Vögel stellt die **Mahd** dar.

Feldlerche

Gelege einer Feldlerche

Wachtelkönig: Sein Ruf ist meist erst in der Nacht zu hören. Heuschrecken, Käfer, Libellen, Fliegen, Regenwürmer, Frösche und kleine Nagetiere sind seine Nahrung.

Wachtelkönig

Auch der Wachtelkönig ist ein **Bodenbrüter**. Sein Nest baut er in eine Mulde mit einem Durchmesser von 12 bis 15 cm. Diese füllt er mit Grashalmen und Moos. Mitunter findet man Gelege mit bis zu 19 Eiern. Vogelkundler vermuten jedoch, dass solche großen Gelege von zwei Weibchen stammen. Das Männchen verlässt das Weibchen nach der Eiablage. Das Gelege wird vom Weibchen allein bebrütet, bis die Jungen nach 16 bis 19 Tagen schlüpfen.

Die Trockenlegungen feuchter Wiesen sowie das häufige und frühe Mähen stellen **eine Gefährdung des Tierbestands und der Artenvielfalt** dar. Deshalb zahlt die EU in einigen Gebieten Europas den Bauern und Bäuerinnen Ausgleichszahlungen, wenn sie ihre Wiesen später mähen. So versucht man, den Fortbestand gefährdeter Arten zu sichern.

Andere Wirbeltiere auf der Wiese

Feldspitzmaus

Maulwurf

Berichte deinen Mitschülern/Mitschülerinnen, welche Tiere du auf der Wiese schon einmal beobachtet hast!

Die Wiese ist Lebensraum für viele verschiedene Tiere. Hier finden sie z. B. **Nahrung**, **Schutz** und **Brutplätze**. Häufiges Mähen und Düngen stellen eine große **Bedrohung** der Artenvielfalt der Tiere dar.

Nun geht's los – Aufgaben für schlaue Köpfe!

1) **Foto-Quiz** – Welche 3 Bildteile passen hier zusammen! **Schreibe die richtigen Buchstaben zu den dazu passenden Bildteilen!** ★

2) Welche Larven gehören zu den jeweiligen Insekten? **Notiere zuerst die Bildbuchstaben und schreibe dann den Namen des Insekts auf!** ★★

Insekt	Larve	Namen
______	______	______________________________
______	______	______________________________

3) Hier siehst du noch andere Tiere, deren Lebensraum die Wiese ist. Wie heißen sie? Welche Tiere gehören zu den Insekten, welche zu den Wirbeltieren? **Trage die Buchstaben und die dazu passenden Namen hier ein!** ★

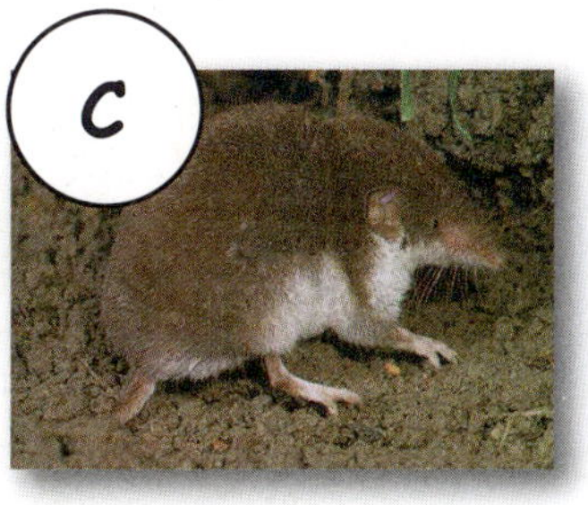

Insekten ☐ ______________________________

☐ ______________________________

Wirbeltiere ☐ ______________________________

☐ ______________________________

Nun geht's los – Aufgaben für schlaue Köpfe!

4) In diesem Informationstext über die Großtrappe verstecken sich 5 Tiere, die du auf einer Wiese finden kannst. **Sammle zuerst die Silben, die nicht zum Text gehören! Dann setze die Silben richtig zusammen, um die Namen dieser Tiere zu erfahren! ★★★★**

Durch die Zerstörung ihrer Lebensräume sind Großtrappen in schre Mitteleuropa sehr selten geworden. Sie Feld zi können bis zu 20 Jahre alt werden. Das Männchen tel wiegt zwischen 8 und 15 kg und hat eine Wolfs Körperlänge von bis zu 105 cm. Das le Weibchen ist nur de etwa halb so schwär groß und wird bis zu 5 kg schwer. Männchen und Weibchen haben dieselbe Gefiederfarbe. Ältere Männchen tragen einen Federbart, der am Schnabel beginnt und bis nig zur Mitte des Halses reicht.

Die Großtrappe Feld kommt von cke Spanien bis in die Mongolei vor, allerdings ist sie in den meisten Ländern bereits ausgerottet. Der ursprüngliche Lebensraum gril der Vögel war Wach die Steppe, heute findet man mer sie auf Ackerflächen und Wiesen. Erwachsene Schaum Tiere fressen heu Kräuter, Samen, Körner, Früchte, Insekten und kleine Säugetiere. Die Jungtiere kö werden von milch ihren ka Eltern mit Insekten gefüttert.

SILBEN: ______________________________

____

____

TIERNAMEN: ______________________________

____

5) **Wer bin ich?** **Notiere auf diesem Steckbrief alles, was du über diesen Vogel – vor allem sein Brutverhalten – erfahren hast! Schreibe auch auf, wie man diese Vogelart schützen kann! ★★★**

NAME: ______________________________

Brutverhalten: ______________________________

____

____

____

____

Schutz: ______________________________

WIESEN REPORT

AUS DER WISSENSREDAKTION:

URGRASLANDSCHAFTEN FRÜHER UND HEUTE

Vor 44 000 Jahren gab es bereits in Sibirien und Zentralasien Wiesen, die den Giganten der Eiszeit, den Mammuts, als Weideflächen dienten. Während der Eiszeiten befanden sich auch in weiten Teilen Europas Graslandschaften über dem darunter gefrorenen Boden. In den wärmeren Zwischeneiszeiten entstanden an ihrer Stelle wieder Wälder.

Heute findet man Urgraslandschaften unter anderem in Sibirien, Innerasien und Nordamerika. In nördlichen Breiten kommen sie als ausgedehnte Kaltsteppen vor. In wärmeren Gegenden findet man Urgraslandschaften wie Savannen in Afrika oder die Puszta in Ungarn.

Kulturwiesen früher

Bereits ab 4 500 v. Chr. (Jungsteinzeit) drängten die Menschen den Wald durch Brandrodung zurück – Kulturwiesen entstanden. Das gewonnene Grasland verwendeten die Menschen als Weide für ihre Nutztiere, wobei der Kot der Tiere gleich als Dünger für die Wiesen diente. Es gab großflächige Weiden, erst später wurden die Wiesen auch gemäht.

Im 20. Jahrhundert begann das große Wiesensterben:

- So werden Wiesen vermehrt als Ackerland genutzt und nicht mehr als Weide für die Tiere.
- Nicht beweidete und gemähte Wiesen verbuschen, der Wald erobert sich Flächen zurück!
- In der Nähe von Ortschaften und Städten werden Wiesen in Bauland umgewidmet.

DIE SUPERGEDÜNGTE VIELSCHNITTWIESE!

Durch häufiges und frühes Mähen und extremes Düngen werden in den letzten Jahren Wiesen zu Produktionsstätten von Futtermitteln.

Durch häufiges Schneiden kommt es zu einem sehr dichten Wuchs. Licht und Wärme erreichen den Boden kaum. Die mangelnde Erwärmung der Bodenschicht führt dazu, dass einige Insekten immer seltener werden oder wie die Heuschrecke sogar ganz verschwinden. Auch die Artenvielfalt der Pflanzen wird auf solchen Wiesen immer geringer!

HATSCHI! HEUSCHNUPFEN – WAS IST DAS?

Mit dem Heu hat der Schnupfen jedenfalls nur selten zu tun!
In den letzten Jahren stieg die Zahl an Menschen, die gerade zur Zeit der Gräserblüte einen Schnupfen haben, stetig an. Diesen Anstieg an Erkrankungen führt man unter anderem auch auf verstärkte Hygiene zurück. Durch allzu große Reinlichkeit ist der Körper des Menschen kaum jemals einer größeren Zahl von Krankheitserregern ausgesetzt, sodass keine Abwehrmaßnahmen dagegen entwickelt werden können. Kommt der Mensch dann in Kontakt mit ungewohnten Stoffen wie den Pollen von Gräsern, kann es zu einer Überreaktion kommen, einer Allergie.
Heuschnupfen ist so eine allergische Reaktion des Körpers auf Pollen. Die Schleimhäute in der Nase schwellen an, der Schnupfen wird ausgelöst. Sehr oft haben die Erkrankten in dieser Zeit auch eine Bindehautentzündung, manchmal kommt es sogar zu Atembeschwerden.
Dann hilft nur ein Besuch beim Arzt/bei der Ärztin. Ist die Allergie erkannt, gibt es verschiedene Möglichkeiten, die Beschwerden für den Patienten/die Patientin zu mildern oder sie wieder loszuwerden. Behandlungsmethoden sollten immer mit dem Arzt/der Ärztin abgeklärt werden.

Spezialisten auf der Wiese

Hummeln holen sich mit ihrem langen Rüssel Nektar bei den Lippenblütlern.

Schmetterlinge haben einen noch längeren Saugrüssel und besuchen Blüten, die den Nektar besonders tief im Inneren haben.

Schwebfliegen besuchen Blüten wie die des Gänseblümchens. Dort ist der Nektar für sie leicht zu erreichen.

AUCH GESTANK KANN ANZIEHEND SEIN!

Der **Aronstab** lockt mit seinem Aasgestank Fliegen an, von denen seine Blüte dann bestäubt wird. Das **Geißblatt** wiederum duftet in der Nacht viel stärker als am Tag, um nächtliche Besucher anzulocken. Es wird hauptsächlich von Nachtschmetterlingen besucht.

Aronstab

Geißblatt

Buchtipps

Christine Jaitner: Naturführer Wiesenblumen. Kompass Naturführer. Kompass Karten GmbH, Innsbruck, 2009.

Jürgen Paeger: Expedition Natur. Fächer Wiesenblumen. Moses Verlag, Kempen, 2009.

Helmut Hintermeier: Margrit Hintermeier, Streuobstwiesen - Lebensraum für Tiere. Obst- und Gartenbauverlag, München, 2009.

Unglaublich, aber wahr!

Vom Grashalm zum Hochhaus

Die zarten hohen Halme der Gräser schaffen es, dem enormen Druck eines Sturmes standzuhalten, indem sie sich elastisch im Wind bewegen. Sie werden in der Bionik (= Wissenschaft, die Konstruktionen aus der Natur für die Technik nutzbar macht) intensiv untersucht. Architekten/Architektinnen setzen dann die Erkenntnisse der Bioniker (Biologie und Technik) in die Praxis um. So sind die langen schlanken Halme mit ihren Knoten in bestimmten Abständen Vorbilder für den modernen Turmbau und den Bau von Hochhäusern.

22. DER ACKER

Bereits in der **Jungsteinzeit**, also 7 000 bis 4 000 v. Chr., begannen die Menschen in Mitteleuropa, die Wälder zu roden und Felder anzulegen. Seitdem wird bei uns **Ackerbau** betrieben.

Hast du dir schon einmal überlegt, was geschehen würde, wenn die Felder nicht mehr bearbeitet würden?

Die Antwort lautet: Es würde sich die ursprüngliche **Vegetation** wieder ausbreiten. Wildkräuter und Büsche würden wachsen. Schließlich würden wieder neue Wälder entstehen.

großflächige Felder

Felder, die auch **Äcker** genannt werden, sind bedeutende **Kulturlandschaften**. Sie sind die wichtigsten Nahrungslieferanten für die Menschen und ihre Nutztiere.

Landwirtschaft in Österreich

Früher war Österreich ein **Agrarland**, da die Mehrheit der Bevölkerung Bauern und Bäuerinnen waren. Heute arbeiten weniger als 5 % der Österreicher und Österreicherinnen in der Landwirtschaft. Trotzdem wird ein Großteil der Nahrungsmittel, die in Österreich verbraucht werden, auch in Österreich erzeugt.

Auf den folgenden Fotos siehst du Pflanzen, die in der österreichischen Landwirtschaft **intensiv genutzt** werden.

Hackfrüchte: z. B. Kartoffeln

Getreide: z. B. Weizen

Gemüse: z. B. Erbsen

Ölpflanzen: z. B. Raps

Suche im Atlas auf der Wirtschaftskarte von Österreich Gebiete, in denen Obstbau, Gemüsebau, Weinbau und Getreideanbau betrieben werden!

Vegetation: Pflanzendecke

Nenne Nutzpflanzen, die in deiner Umgebung auf den Feldern angebaut werden!

Obstbäume: z. B. Apfelbäume

Weinstöcke

Futterpflanze: z. B. Rot-Klee oder Wiesen-Klee

Mais

Mineraldünger: enthält z. B. Stickstoff, Kalium, Calcium, Magnesium, Phosphor

Unkraut: unerwünscht wachsende Wildpflanzen, die die Entwicklung der Kulturpflanzen stören

Merkmale der biologischen Landwirtschaft:

- Förderung der Bodenfruchtbarkeit durch natürlichen Dünger und durch Anbau von **Zwischenfrüchten**
- Artgerechte Tierhaltung
- Keine **gentechnisch** veränderten Pflanzen und Produkte

Ziel: Erzeugung schadstofffreier Lebensmittel

Zwischenfrucht: wird zwischen den Hauptfrüchten als **Gründüngung** oder Futterpflanze angebaut

Gründüngung: Pflanzen werden in den Boden eingeackert und von Destruenten zersetzt.

Gentechnik: Wissenschaft von der künstlichen Veränderung der Erbanlagen

Nützling: Tier, das Schädlinge frisst

Der Acker als **Kulturfläche** ernährt die Bevölkerung. **Monokulturen sind in der herkömmlichen Landwirtschaft häufig.** Der **biologische Landbau** versucht, durch Einsatz **natürlicher Maßnahmen Nahrungsmittel** zu erzeugen.

Monokulturen in der herkömmlichen Landwirtschaft

Äcker, auf denen nur eine Pflanzenart wächst, bezeichnet man als **Monokulturen**. Großflächige Monokulturen bringen Vorteile, aber auch Nachteile.

Vorteile

*Zur Ernährung der ständig wachsenden Erdbevölkerung werden immer **mehr Nahrungsmittel** benötigt. Durch das **Düngen** der Pflanzen wird der Ertrag größer. Riesige Felder lassen sich mit großen Maschinen schneller und leichter bearbeiten. Daher ist in Massen hergestellte Nahrung billig.*

Nachteile

*Pflanzen der gleichen Art entziehen dem Boden immer die **gleichen Mineralstoffe**. Werden diese Pflanzen geerntet, gehen dem Boden wichtige Mineralstoffe verloren. Durch den Einsatz von **Mineraldünger** versucht man, diesen Verlust wieder auszugleichen.*

*Auf diesen Feldern vermehren sich wie bei jeder Monokultur Schädlinge besonders gut. Mit **chemischen Vernichtungsmitteln** werden sie bekämpft. sogenannte **Unkräuter** breiten sich aus, die unter Einsatz von Gift vernichtet werden. Viele Wildkräuter sind dadurch mittlerweile vom Aussterben bedroht.*

Pflanzenanbau im biologischen (ökologischen) Landbau

Die biologische Landwirtschaft gilt als die umweltschonendste Form des Anbaus. Auf naturschonende Art werden so hochwertige Lebensmittel hergestellt.

Deshalb stellt ein möglichst **geschlossener Kreislauf** die Grundlage der biologischen Landwirtschaft dar. **Ackerbau** und **gleichzeitig** auch **Viehhaltung** sind dafür eine wichtige Voraussetzung. Auf den Feldern werden neben den Früchten, die man verkauft, auch Futterpflanzen für die eigenen Tiere gepflanzt.

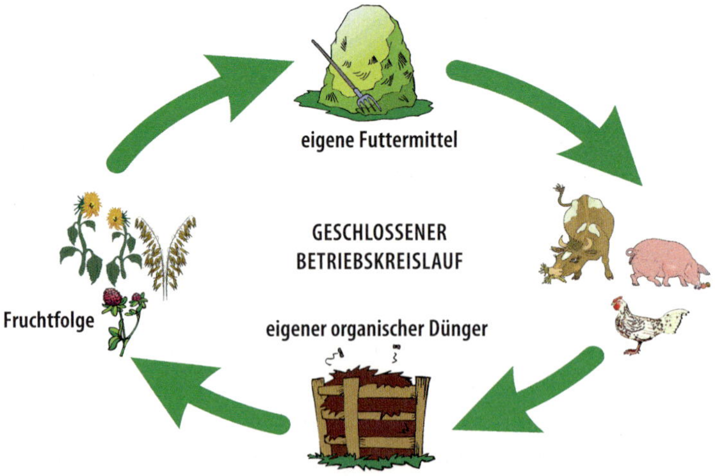

Die **pflanzlichen Abfälle** und der **Tierkot** werden als **organischer** (natürlicher) **Dünger** auf die Felder gebracht.

Bodenlebewesen bauen diese Abfallprodukte in Mineralstoffe für die Pflanzen des Feldes um. Dadurch bleibt die **Bodenfruchtbarkeit** erhalten.

WICHTIG: Es wird kein künstlicher Dünger eingesetzt!

Vorbeugender Pflanzenschutz – Mechanische Unkrautregulierung

Es werden Pflanzen angebaut, die auf diesem Standort von Natur aus gut wachsen. Durch biologische Pflanzenschutzmittel und den Einsatz von **Nützlingen** kann und muss auf Gift verzichtet werden. Damit wird eine allzu starke **Vermehrung von tierischen Schädlingen verhindert**. Auch die richtige **Fruchtfolge**, bei der ganz bestimmte Pflanzen nacheinander angebaut werden, und die **sorgfältige Bodenbearbeitung** lassen weniger Unkräuter wachsen. Bei dieser Art der Landwirtschaft ist der Arbeitsaufwand jedoch erheblich größer.

Nun geht's los – Aufgaben für schlaue Köpfe!

1) **Flurbereinigung!** Betrachte das Bild und überlege, welche Probleme durch das Bewirtschaften von großen Ackerflächen hier dargestellt werden! **Notiere hier deine Überlegungen!★★★**

Meine Überlegungen:

2) Hier erfährst du etwas über eine alte Form des Ackerbaus. **Beachte zuerst die Tipps im Kästchen! Dann beantworte die folgenden Fragen schriftlich in deinem Heft!★★★**

Die Dreifelderwirtschaft

In Europa war seit dem Mittelalter die Dreifelderwirtschaft weit verbreitet. Bei dieser Anbauform gibt es pro Feld in 3 aufeinander folgenden Jahren 3 verschiedene Formen der Bewirtschaftung:

Das Feld wird im Herbst gepflügt und dann Wintergetreide gesät. Dieses keimt noch im Herbst und überdauert mit einer Länge von ca. 10 cm den Winter. Diese Getreideart wird im Sommer reif und dann geerntet. Nach der Ernte wird der Boden gepflügt. Im nächsten Jahr wird im Frühling Sommergetreide angebaut, das im Spätsommer reif ist und geerntet wird. Nach der Ernte wird zwar gepflügt, doch das Feld wird nicht bebaut, sondern liegt bis zum Herbst des nächsten Jahres brach. So kann sich der Boden erholen. Neue Mineralstoffe werden gebildet und die nächste Ernte wird wieder ertragreich.

1. Lies dir den Text durch!
2. Lies den Text noch einmal und unterstreiche die wichtigen Wörter – vor allem die Nomen!
3. Nun lies die Fragen und beantworte sie!

FRAGEN:

a) Woher kommt der Name Dreifelderwirtschaft?
b) Wann wird das Wintergetreide gesät?
c) Wann wird das Sommergetreide gesät?
d) Was heißt „das Feld liegt brach"?
e) Welchen Grund hat diese Form der Bewirtschaftung?

Nun geht's los – Aufgaben für schlaue Köpfe!

3) **Gifte im Nahrungsnetz!** Spritzmittel gegen Unkraut und Schädlinge gelangen auch in das Nahrungsnetz.
Beschreibe den Kreislauf der Giftstoffe! ★★★

4) **Beschreibe nun, auf welche beiden Arten das Gift auch in den menschlichen Körper gelangen kann! ★★★**

1.

2.

5) **Was tun gegen Blattläuse?** **Auch du kannst ein biologisches Pflanzenschutzmittel herstellen!**

Anleitung:

1. Schneide frische Brennnesseln in Stücke (Handschuhe tragen nicht vergessen)!
2. Gieße warmes Wasser über die Brennnesseln!
3. Lass den Aufguss ein paar Tage stehen!
4. Dann besprühe die Pflanzen, die von Blattläusen befallen sind, damit!

Berichte dann von deinem Ergebnis in der Klasse! ★★

23. DAS GETREIDE – EIN WICHTIGES NAHRUNGSMITTEL

Im Jahr 2010 wurden in Österreich 1,36 Mio. Hektar Ackerland bewirtschaftet. Auf mehr als der Hälfte davon wurde **Getreide** angebaut. Damit nicht mehr Getreide angebaut wird, als für **Nahrungs-** oder **Futtermittel** benötigt wird, gibt es in den letzten Jahren staatliche Förderungen für den Anbau von Pflanzen, aus denen **Eiweiß** oder **Öl** gewonnen werden kann. Eiweiß liefert z. B. Soja, Öl wird z. B. aus Raps gewonnen.

Getreidefeld

In **Österreich** sind **Roggen**, **Gerste**, **Weizen**, **Hafer** und **Mais** die häufigsten Getreidearten. Während Roggen, Gerste, Weizen und Hafer auf sonnigen, relativ trockenen Flächen gedeihen, benötigt Mais einen feuchteren Boden.

Auch Hirse und Reis zählen zum Getreide. Hirse ist eines der wichtigsten Nahrungsmittel in Afrika. In Asien ist dies der Reis.

Alle Getreidesorten sind **Zuchtformen** von **Süßgräsern** und werden in Monokulturen angebaut.

Getreidehalm und Getreidekorn

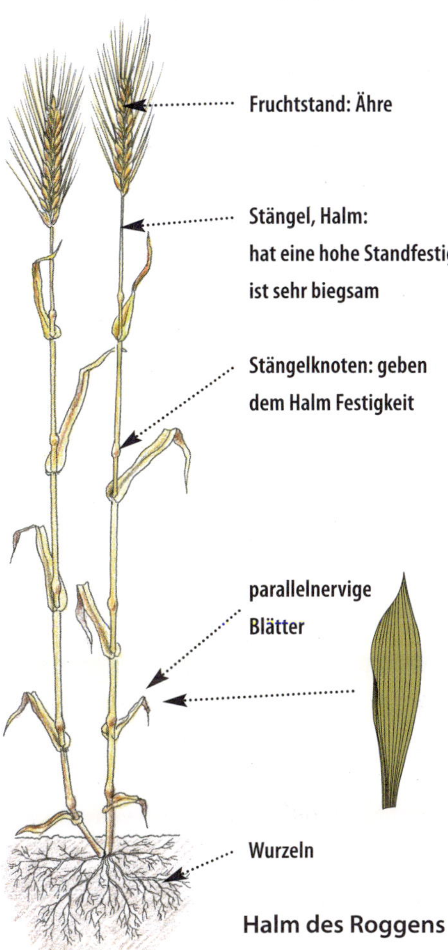

Halm des Roggens

Das **Getreidekorn** besteht aus:

- **Schale**
- **Wabenschicht** (besteht hauptsächlich aus Eiweiß)
- **Mehlkörper** (enthält Stärke)
- **Keimling**

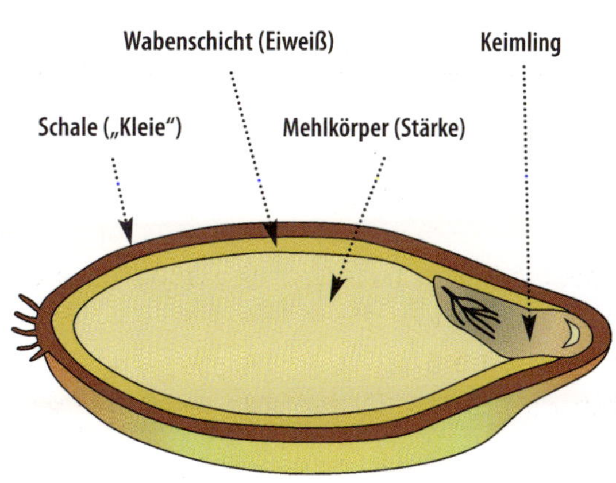

Roggenkorn

Getreidearten im Überblick:

Getreidekörner, die mit der Schale gemahlen wurden, ergeben das Vollkornmehl. Ballaststoffe, Vitamine und Mineralstoffe aus der Schale sowie Öle aus dem Keimling bleiben dabei erhalten. Auszugsmehl entsteht, indem das Korn vor dem Mahlen geschält wird.

Finde im Supermarkt heraus, aus welchem Mehl einzelne Produkte (Brot und Gebäck) hergestellt sind! Erstelle dazu eine Liste in deinem Heft!

Welche Getreidearten werden in Österreich häufig angebaut?

Der Roggen

Roggen: Roggenhalme werden bis zu 2 m hoch.

In Europa wird zumeist **Winter-Roggen** angebaut, der Temperaturen bis zu minus 25 °C verträgt. Er wird im Herbst gesät und keimt noch vor dem Frost im Winter. Im Frühjahr wächst er dann zur reifen Pflanze. Von der Keimung bis zur Kornreife vergehen beim Winter-Roggen ca. 300 Tage.

Sommer-Roggen hingegen wird erst im Frühjahr gesät und reift schon in ca. 140 Tagen. Die Ähren tragen lange **Grannen**.

Die Blüten der meisten Getreidearten sind **zwittrig**. Sie besitzen Staubblätter und Stempel. Bei der Roggenblüte entwickeln sich zuerst die Staubblätter, deren Pollen vom Wind vertragen werden. Sind die Staubblätter verblüht, entwickelt sich der Stempel. Eine **Selbstbestäubung** wird so verhindert.

Roggen wird als Futtermittel, als erstes Grünfutter oder **Silofutter** verwendet. Er ist aber auch als nachwachsende **Rohstoffquelle** für den Kraftstoff Bioethanol von großer Bedeutung. Roggenmehl wird vor allem in Misch- und Roggenbroten verwendet. Wenn man die Körner mit der Schale mahlt, bekommt man Vollkornmehl. Dieses wird zu Vollkornbrot verarbeitet. Auch Lebkuchen werden häufig aus Roggenmehl gebacken.

Der Weizen

Weizen

Der Weizen ist die **älteste Getreideart**, die in Europa **gedeiht**.

An Boden und Klima stellt der Weizen höhere Ansprüche als andere Getreidearten. Er bevorzugt warme und trockene Sommertage. Von der Keimung bis zur Reife des Korns vergehen beim Winterweizen ca. 300 Tage, während der Sommerweizen in 100 bis 130 Tagen reif wird. Die Ähren tragen kurze oder gar keine Grannen. Bei den Weizenblüten kommt es zur **Selbstbestäubung**.

Weizen, der zu Mehl verarbeitet wird, ist in vielen Ländern Europas eines der **wichtigsten Grundnahrungsmittel**. So dient Hartweizen, eine Getreideart, die als Sommergetreide angebaut wird, zur Herstellung von Teigwaren. Auch zum Mästen von Tieren wird Weizen verwendet. Die Farbe eines Weizenfeldes ist eher dunkelgrün, während ein Roggenfeld mehr graugrün erscheint.

Roggenähre

Selbstbestäubung: der Pollen der eigenen Blüte kommt auf die Narbe

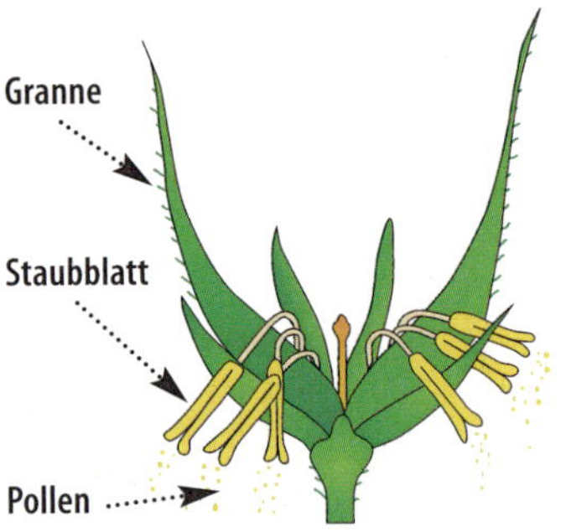

Roggenblüte: männliche Blütenphase

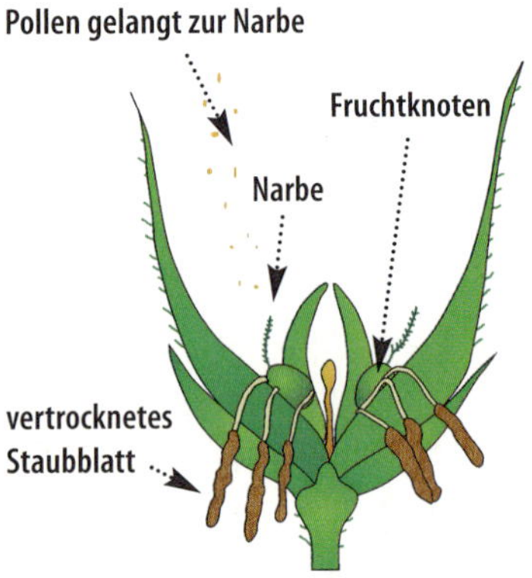

Roggenblüte: weibliche Blütenphase

Silofutter: durch Gärung haltbar gemachtes Futter

gedeihen: sich gut entwickeln, gut wachsen

Überlege: Warum bezeichnet man Roggen und Weizen auch als Brotgetreide?

Die Gerste

Die **Gerste** kommt aus dem Orient und ist ebenfalls eine sehr **alte Kulturpflanze**.

Gerste

Gerstenkörner

Der Dinkel
Dinkel ist eine Getreideart, die sehr eng mit dem Weizen verwandt ist. Dinkel verträgt raues Klima und ist widerstandsfähig gegen Krankheiten.

Gerstenähren haben besonders **lange Grannen**. Bei den Gerstenblüten gibt es eine **Selbstbestäubung**.

Die Gerste wird vor allem zur **Malzerzeugung** für Malzkaffe und Bier aber auch als **Futtermittel** verwendet.

Dinkel

Der Hafer

Der Hafer wurde schon 5 000 v. Chr. nördlich des Schwarzen Meers angebaut. Der Blütenstand des Saat-Hafers, der auch Echter Hafer genannt wird, ist eine Rispe.

Der Hafer gedeiht besonders gut im **gemäßigten Klima**. Seine Ansprüche an den Boden sind **gering**. Hafer hat besonders kurze oder gar keine Grannen. Beim Hafer kommt es meist zu einer **Selbstbestäubung**.

Hafer wird hauptsächlich als **Tierfutter** für Pferde oder zur Herstellung von **Haferflocken** verwendet. Da Hafer sehr gut verdaulich ist, wird er auch zu Haferbrei verarbeitet und als Kranken- und Kleinkinderkost eingesetzt.

Hafer

Die Hirse

Mit dem **Sammelbegriff** Hirse bezeichnet man mehrere Getreidearten. Ihre Heimat ist Zentralasien.

Bevor man Hirse zu Mehl, Grieß oder Flocken verarbeiten kann, wird sie geschält, da die Fruchtschalen ungenießbar sind. Hirse lässt sich wie Reis zubereiten und eignet sich als Beilage zu vielen Speisen.

Hirse ist auch besonders gesund, denn sie ist das mineralstoffreichste Getreide. Ihr Gehalt an Kieselsäure, Kalium, Magnesium und Fluor ist besonders hoch. Mit nur einer **Hirsemahlzeit** kannst du deinen **Tagesbedarf** an wichtigen **Mineralstoffen** decken.

Zusätzlich enthält Hirse auch viele **Vitamine** und **Spurenelemente**. Hirse wird bei uns auch gerne als Vogelfutter verwendet.

Hirse

Hirsekörner

Männliche Maisblüte

Weibliche Maisblüte

Der Mais

Maisfeld

Der Mais stammt ursprünglich aus Mexiko und wurde von **Christoph Kolumbus** nach Europa gebracht.

Der Maisanbau hat in den letzten Jahren in Österreich stark zugenommen. Er ist ein **Sommergetreide**, das in vielen Gebieten Österreichs gedeiht. In Österreich wird Mais erst im April angebaut, da das Getreide zum Keimen eine Temperatur um die 8 °C braucht. Ist es kälter, geht der Keimling zu Grunde. Maispflanzen sind einhäusige Pflanzen, auf denen männliche Blüten – die **Rispen** – und auch weibliche Blüten – die Kolben – getrennt voneinander wachsen. Diese Abbildung zeigt dir die Keimung eines Maiskornes als Beispiel für alle Getreidearten, die in ähnlicher Weise keimen.

Betrachte die Abbildung und beschreibe dann die Keimung eines Getreidekorns am Beispiel eines Maiskornes!

Keimung eines Maiskornes

Du kannst auch selbst Getreidekörner zum Keimen bringen, indem du Körner in einer Schale auf Watte legst, sie feucht hältst und abdeckst, damit möglichst kein Licht einfällt. Führe ein Protokoll!

Es gibt viele verschiedene Maissorten, die unterschiedlich genützt werden. Einige werden als **Viehfutter**, andere zur Herstellung von **Biodiesel** verwendet. Vor allem die Gewinnung von Biodiesel aus Mais ist der Grund dafür, dass in den letzen Jahren der Maisanbau zugenommen hat. Nur ein **geringer Teil** der Ernte dient zur Herstellung von **Nahrungsmitteln**, z. B. als Gemüse (junge Maiskolben), Maismehl, Maisgrieß, Maiskeimöl oder Popcorn.

Der Reis

Reis wird hauptsächlich als **Nahrungsmittel** verwendet. Die Heimat des Reises ist **Südostasien**, da Reis tropisches, feucht-warmes Klima benötigt.

Reisfeld

Reisrispen

Die wichtigsten Reisanbaugebiete liegen in Indien und China. Jener Reis, der bei uns zu kaufen ist, stammt aus Amerika, aber auch aus der italienischen Po-Ebene, aus Ägypten oder Asien. Bei der **Aussaat der meisten Reissorten** müssen die Reisfelder **unter Wasser** stehen. Nach der Reisblüte, sobald sich die Rispe entwickelt hat, wird das Wasser dann abgelassen.

In **Österreich** sind **Roggen**, **Gerste**, **Weizen**, **Hafer** und **Mais** die häufigsten Getreidearten. Getreide wurde aus **Süßgräsern** gezüchtet und hauptsächlich zur **Herstellung von Nahrung, als Futtermittel** und so wie Mais in letzter Zeit zur Herstellung von Biodiesel verwendet.

Nun geht's los – Aufgaben für schlaue Köpfe!

1) Das Getreide spielt in der Ernährung für uns Menschen eine große Rolle. Die einzelnen Teile des Korns enthalten unterschiedliche Nährstoffe. **Beschrifte die Abbildung und ordne die Nummern den Texten richtig zu! ★★★**

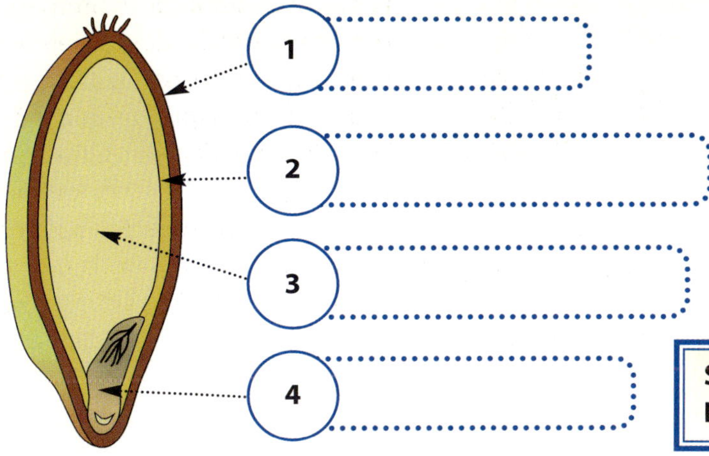

Er enthält viele wichtige Nährstoffe, z. B. Eiweiß, Fett und Vitamine. Aus ihm entwickelt sich die junge Getreidepflanze. ◯

Sie enthält viel Eiweiß. ◯

Er besteht vor allem aus Stärke. ◯

Sie enthält Vitamine (vor allem Vitamin B) und Mineralstoffe (z. B. Kalzium, Phosphor, Eisen). Sie besteht aus unverdaulichen Ballaststoffen. Diese regen die Darmtätigkeit an und sind für eine gesunde Ernährung besonders wichtig. ◯

2) Nun geht es um eine **wichtige** Frage – **Begründe, warum Vollkornprodukte besonders gesund sind! ★★★**

____

____

3) **VERSUCH: Ein Getreidekorn unter der Lupe!**

Versuchsvorbereitung:
Du brauchst eine Schale, ein paar Getreidekörner und eine Lupe.
Lege zuerst die Getreidekörner in eine Schale!
Gieße dann Wasser dazu und lasse die Körner 24 Stunden im Wasser liegen!

Versuchsdurchführung:
Schneide das gequollene Korn der Länge nach mit einem scharfen Messer auf!
Betrachte den Längsschnitt mit einer Lupe!

Was siehst du?

Zeichne nun das Korn! ★★★★

Meine Skizze:

Nun geht's los – Aufgaben für schlaue Köpfe!

4) **Welches Getreide ist das?** Schreibe die Namen dieser Pflanzen auf und ringle den richtigen Fruchtstand ein! ★★★★

NAME	FRUCHTSTAND
1 ____________________	R: Ähre G: Rispe H: Kolben
2 ____________________	R: Ähre E: Rispe I: Kolben
3 ____________________	A: Ähre S: Rispe R: Kolben
4 ____________________	N: Ähre S: Rispe H: Kolben
5 ____________________	A: Ähre M: Rispe N: Kolben
6 ____________________	F: Ähre E: Rispe B: Kolben
7 ____________________	E: Ähre N: Rispe R: Kolben

LÖSUNGSWORT: . . . .

5) **Getreide-Quiz** – Aus welchem Getreide werden diese abgebildeten Produkte hergestellt? Ordne diesen Bildern die Getreidenummern aus Aufgabe 4 zu! ★★

6) **Für schlaue Köpfe** – Welches Getreide ist hier gemeint? ★★★

Beim Keimen sind die Körner von Wasser bedeckt. Man sagt, eine Hand voll davon pro Tag kann einen Menschen ernähren, sofern es sich um kein geschältes Korn handelt.

NAME: ____________________

24. DIE KARTOFFEL – EIN NACHTSCHATTENGEWÄCHS

Geschichte der Kartoffel

Die Kartoffel ist keine heimische Pflanze. Spanische Seeleute brachten sie im 16. Jh. von Südamerika nach Europa. Die Kartoffel war so kostbar, dass sie zuerst als **Zierpflanze** gehandelt wurde. Als aber bekannt wurde, dass die Indianer die Pflanze auch essen, verzehrten die Europäer zunächst die Früchte, die aus der Blüte entstanden. Dies führte zu Übelkeit, Brechreiz und Durchfall. Schließlich erkannte man, dass die **Knollen** die genießbaren Teile waren. So wurde die Kartoffel zu einem wichtigen Nahrungsmittel und ist es bis heute geblieben.

Von der Kartoffel gib es viele verschiedene Sorten. Man verwendet sie als **Speisekartoffel**, als **Futterkartoffel** für Nutztiere und als **Industriekartoffel** zur Herstellung von Stärke, Brennspiritus und Treibstoff.

Zierpflanze: Pflanze, die wegen ihrer Schönheit angepflanzt wird; kommt vom Verb „zieren"

Knolle: Speicherorgan der Pflanze

Verschiedene Kartoffelsorten

Wie die Pflanze wächst

Im Frühjahr werden auf den Äckern die **Kartoffelknollen** in flache Furchen oder Gruben gelegt.

Während der Zeit, in der die Kartoffel wächst, muss der Boden durch Behacken bearbeitet werden. So wird der Boden einerseits gelockert und andererseits wachsen möglichst wenige andere Pflanzen. Daher wird die Kartoffel auch als **Hackfrucht** bezeichnet. Heute wird diese Arbeit mit Hilfe von Maschinen durchgeführt.

Augen der Kartoffel: die Knospen

Aus den „**Augen**" der **Sprossknolle** treiben im Boden helle Knospen.

Nach unten bilden sich daraus **Wurzeln**, nach oben wächst ein Spross. So entsteht eine Pflanze mit **Stängeln** und **Blättern**.

Im Sommer entwickeln sich im Boden junge **Knollen**. Sie sind **Speicherorgane**, aus denen im nächsten Jahr wieder Pflanzen wachsen.

Kartoffelblüte

Kartoffelfeld

Sprossknolle mit Knospen

Kartoffelpflanze

An den Spitzen der grünen Stängel wachsen auch Blüten. Sie sind meistens weiß, manchmal auch blau. Ist die Pflanze verblüht, bilden sich **Früchte**, die Beeren, die Samen enthalten. Auch aus diesen können im nächsten Jahr Pflanzen entstehen.

In der Landwirtschaft verwendet man aber ausschließlich die Knolle zur Vermehrung.

Sprossknolle: Speicherorgan, verdickter Abschnitt der Sprossachse

Nutzpflanze: Pflanze, die zur Herstellung von Nahrung oder Genussmitteln verwendet wird

Maikäfer

Kartoffelkäfer

Eier des Kartoffelkäfers

Larve des Kartoffelkäfers

Die Kartoffel ist eine für den Menschen wichtige **Nutzpflanze**. Es gibt noch andere Nutzpflanzen **aus der Familie der Nachtschattengewächse** wie die **Tomate** und den **Paprika**.
Achtung giftig! Die Früchte der **Tollkirsche** und des **Bittersüßen Nachtschattens**, aber auch die grünen Teile vieler anderer Nachtschattengewächse sind **giftig**.

Die Kartoffel, ein wichtiges Nahrungsmittel

Die Kartoffelpflanze ist eine **Nutzpflanze**. Da ihre Knolle viel Wasser speichert, aber auch Stärke, Eiweiß, Fette, viele Vitamine und Mineralstoffe enthält, ist sie ein gesundes Nahrungsmittel, das bei richtiger Zubereitung (gekocht oder ohne Fett im Rohr gebacken) nicht dick macht.

Schädlinge und Krankheiten

Engerlinge

Wenn es im Sommer **häufig regnet**, beginnen Blätter und Knollen zu faulen. Die Pflanze kann dann nicht genügend Nährstoffe herstellen und es bilden sich **weniger Knollen**. Dies führt dazu, dass die Ernte sehr gering ausfällt.

Die Larve des **Maikäfers**, der **Engerling**, sowie der **Kartoffelkäfer** und seine Larven sind Schädlinge. Engerlinge fressen vor allem die Wurzeln, während der Kartoffelkäfer und seine Larven die grünen Teile der Pflanze schädigen. Dies kann zum Absterben der Pflanze führen.

Andere Nachtschattengewächse

Die Kartoffel gehört zur Pflanzenfamilie der **Nachtschattengewächse**. Auch die Tomate, der Paprika und die Melanzani gehören zu dieser Familie.

Tomaten

Paprika

Melanzani

Achtung giftig!

Die Tollkirsche ist eine sehr giftige Pflanze. Ihre Beeren sind zumeist schwarz und eingedrückt-kugelig. Im Unterschied zu Esskirschen hat sie im Inneren keinen Stein, sondern einzelne Samen. Ihr Gift wird in geringen Mengen bei der Untersuchung der Augen verwendet, da es die Pupillen erweitert.

Tollkirsche

Die Beeren des **Bittersüßen Nachtschattens** sind rot und etwas länglich gebogen. Da sie reich an Zucker sind, schmecken sie anfangs etwas bitter, später aber süß. Sie verursachen Durchfall, Erbrechen oder Bauchkrämpfe. Auch bei vielen anderen Nachtschattengewächsen sind die grünen Pflanzenteile sehr giftig.

Bittersüßer Nachtschatten

Nun geht's los – Aufgaben für schlaue Köpfe!

1) Familie Schober hat Kartoffeln gepflanzt. Ihre Tochter Ulli hat über ihr Wachsen Protokoll geführt. Es ist aber einiges durcheinandergekommen. **Ordne die einzelnen Schritte der Reihe nach, indem du die Zahlen 1 bis 4 einsetzt!★★**

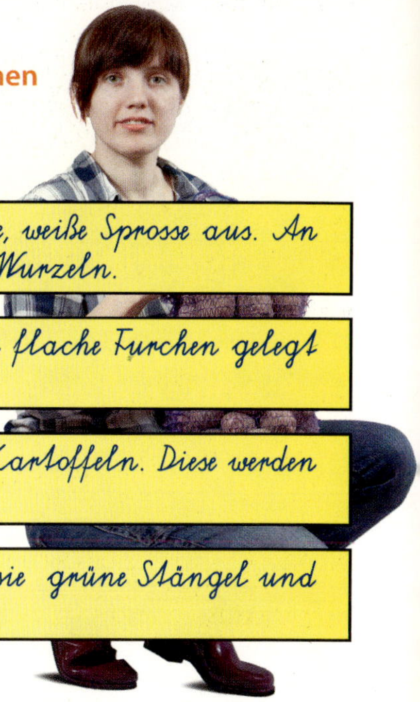

	Bald treiben aus der Saatkartoffel-Mutterknolle im Boden helle, weiße Sprosse aus. An den Sprossen bilden sich nach oben ein Trieb und nach unten die Wurzeln.
	Im Frühjahr werden auf den Äckern die Knollen der Kartoffel in flache Furchen gelegt und lockere Erde darüber gehäufelt.
	An den Enden der Sprosse entstehen im Sommer Knollen, die neuen Kartoffeln. Diese werden im Herbst geerntet.
	Später wachsen Triebe nach oben an die Erdoberfläche. Dort bilden sie grüne Stängel und Blätter sowie später auch Blüten, die weiß oder blau blühen.

2) Hilf Bäuerin Schober, viele Kartoffeln zu verkaufen! Dazu musst du sie bewerben und die Vorteile der Kartoffel anpreisen. **Schreibe in die Sprechblase, warum man Kartoffeln überhaupt kaufen soll! ★★**

Die Kartoffel ______________________

____

____

____

Bei entsprechender Zubereitung

____

____

____

3) Entwicklung einer Kartoffelpflanze: **Verfasse einen kurzen Informationstext zu dieser Abbildung in deinem Heft! ★★★★**

4) Du findest in der Abbildung eine Knolle, die im Gegensatz zu den anderen immer kleiner wird? Was ist mit dieser Knolle los? **Finde eine Begründung! ★★★★**

____

____

Nun geht's los – Aufgaben für schlaue Köpfe!

5) **Hier erfährst du mehr über die Kartoffel.** Jede Notiz bezieht sich auf einen Teil der Pflanze. **Entschlüssle zuerst mit Hilfe des Alphabets die fehlenden Wörter!** TIPP: Jede Zahl entspricht der Position, die der Buchstabe im Alphabet hat. **Setze zum Schluss die Nummer in die Abbildung ein! ★★**

1

Die __ __ __ __ __ __
11 14 15 12 12 5
besteht zu ca. 78 % aus Wasser. Der Rest setzt sich aus Stärke, Zucker, Ballaststoffen, Proteinen, Mineralstoffen, Spurenelementen und Vitaminen zusammen.

2

__ __ __ __ __ __ __ __ sorgen
2 12 1 5 20 20 5 18
für die Fotosynthese und sind die Hauptnahrung der Kartoffelkäfer.

3

Die Kronblätter der
__ __ __ __ __ __
2 12 21 5 20 5
sind weiß bis blau. Ihre Frucht ist eine gelblich-grüne aus zwei Kammern bestehende Beere mit vielen Samen.

4

Die __ __ __ __ __ __ __
23 21 18 26 5 12 14
versorgen die Pflanze mit Wasser und Nährstoffen. Zusätzlich bieten sie der Pflanze Halt.

6) **Eine Kartoffelpflanze wächst!** Diesen Versuch kannst du zu Hause oder in der Klasse durchführen. **Halte dich an die vorgegebenen Schritte, dann gelingt er sicher!★★★★**

Versuchsvorbereitung: Du brauchst eine Kartoffel, einen großen Blumentopf (Platz für die neuen Knollen), Erde für den Topf.

Versuchsdurchführung: Gib nun etwas Erde in den Topf! Lege die Knolle hinein und bedecke sie mit Erde! Stelle den Topf an einen hellen Platz und gieße 1x pro Woche!

Überlege nun, wie lange du deine Pflanze behalten möchtest und kreuze an!

☐ bis sie Triebe mit Blättern hat ☐ bis sie blüht

☐ bis die Pflanze vertrocknet ist, denn dann gibt es im Topf bereits neue Knollen

Führe nun ein Protokoll: **Lege in deinem Heft eine Tabelle an und trage deine Beobachtungen so ein, wie du es hier siehst!**

Datum	Beobachtung	Erklärung
1. Tag	keine	Knolle im Topf ist mit Erde bedeckt.
2. Tag		

Was geschieht mit der ursprünglichen Knolle?

25. DIE SONNENBLUME – EIN ASTERNGEWÄCHS

Die Sonnenblume gehört zur Familie der **Korbblütler** (Asterngewächse). Viele kleine Blüten wachsen in einem Blütenboden.

Sonnenblumenfeld

Was ist Heliotropismus?

Die Blütenknospen und die Blätter von Sonnenblumen können sich so bewegen, dass sie sich immer der Sonne zuwenden. So sind sie am Morgen nach Osten gewandt und **folgen** während des Tages **dem Lauf der Sonne**. Am Abend dagegen sind sie nach Westen ausgerichtet. Erst in der Nacht kehren sie dann in ihre Ausgangsposition zurück. Diese Eigenschaft der Sonnenblume nennt man **Heliotropismus**. Sobald sich der Blütenkorb aber gebildet hat, verhärten sich die Zellen, die die Bewegung der Knospen durchführen. Ab dann sind die Blütenkörbe nach Osten ausgerichtet.

Herkunft

Die Sonnenblume stammt von der **Westküste Mittelamerikas**. Man fand versteinerte Samen, die darauf hindeuten, dass die Sonnenblume bereits vor 5 000 Jahren von Menschen genutzt wurde. Schon damals diente sie als **Nahrungsmittel**. Die Sonnenblumenkerne wurden ausschließlich roh gegessen. Später entdeckte man, dass sich die **Kerne** auch zu **Fladen** und **Brot** verarbeiten lassen. Die Sonnenblume wurde 1552 von spanischen Seefahrern nach Europa gebracht und als Zierpflanze angebaut. Ab dem 17. Jh. wurden die Kerne zum Backen oder geröstet als Kaffeeersatz verwendet. Erst im 19. Jh. fand man heraus, dass aus Sonnenblumenkernen Öl gepresst werden kann.

Die Sonnenblume als Kulturpflanze

Durch Züchtung entstanden zahlreiche verschiedene Sorten. Sie können zwischen 40 cm und 5 m hoch werden.

Der **Stängel** der meisten Sorten ist stachelig behaart. Meistens sind die Stängel unverzweigt. In diesem Fall bildet sich nur ein einziger Blütenstand, der aber größer ist und mehr Kerne enthält.

Stängel einer Sonnenblume

Andere Asterngewächse:

Huflattich

Löwenzahn

Margerite

Gänseblümchen

Gartenastern

Aus Sonnenblumenkernen lassen sich sehr leicht Sonnenblumen ziehen. Ein Versuch lohnt sich!

Bau einer Sonnenblume

Ertrag: hier: Ergebnis der Ernte

Welche Typen von Sonnenblumen gibt es?
Öltyp: Dieser weist besonders viele Röhrenblüten auf. Die Sonnenblumenkerne besitzen einen sehr geringen Schalenanteil.
Futtertyp: Dieser bildet besonders viel Blattsubstanz aus. Er findet Verwendung als Grünfutterpflanze bzw. wird zur Gründüngung verwendet.
Ziertyp: Dieser wächst in Gärten und besitzt oft mehrere Blütenstände pro Pflanze.
Speisetyp: Dieser hat große und locker sitzende Kerne.

Eine Sonnenblume hat zwischen 20 und 40 **Blätter**, die zwischen 10 und 40 cm lang sind. Ihre Anzahl und ihre Größe hängen von der Versorgung der Pflanze mit Mineralstoffen und Wasser ab. Die Blätter beeinflussen den **Ertrag** der Pflanze stark.

Die Blattflächen sind schräg nach unten gerichtet. Dadurch kann der Regen an den Blättern leichter abfließen.

Die **Hauptwurzel** einer Sonnenblume kann als **Pfahlwurzel** ausgebildet sein und tief in den Boden reichen. Abhängig von der Bodenbeschaffenheit kann sie aber auch kürzer sein. Dann werden viele **kräftige Seitenwurzeln** gebildet.

Die Blüte der Sonnenblume

Blütenscheibe der Sonnenblume

Zungenblüte

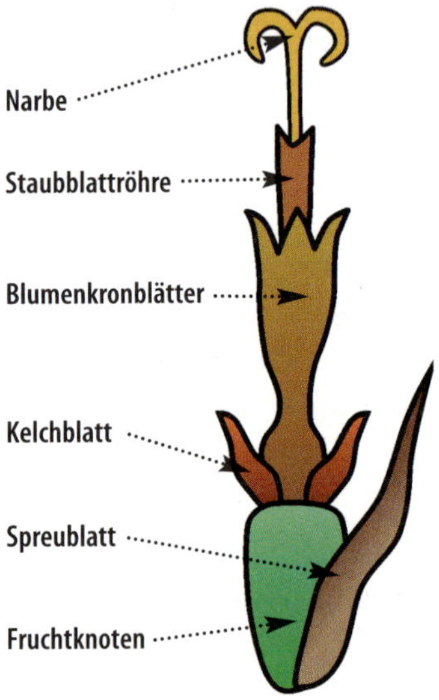

Röhrenblüte

Der **Blütenkorb** wird von 2 bis 3 Reihen grüner **Hochblätter** umgeben. In ihm befinden sich die Zungen- und die Röhrenblüten. Die **Zungenblüten** sind sogenannte **Schaublüten**. Sie sind **unfruchtbar** und haben die Aufgabe, Insekten anzulocken.

Im Inneren des Blütenkorbes stehen die **Röhrenblüten**. Bei diesen Blüten sind die Kronblätter und die Staubblätter zu einer Röhre verwachsen. Jede Röhrenblüte enthält 5 Staubblätter. **Aus einer befruchteten Röhrenblüte** entwickelt sich jeweils **ein Sonnenblumenkern**.

Das **Aufblühen der Röhrenblüten** erfolgt **von außen nach innen**. Die Röhrenblüten werden von unterschiedlichen Insektenarten bestäubt.

Vermehrung der Sonnenblume

Die Sonnenblume ist – wie auch die besprochenen Getreidearten – eine **einjährige** Pflanze. Das bedeutet, dass die Pflanze abstirbt, nachdem sie ihre Samen (im Fall der Sonnenblume Früchte) gebildet hat. Sonnenblumenfelder müssen daher jährlich neu angepflanzt werden. Die Samen werden im Frühjahr gesät. Bei ausreichender Feuchtigkeit und bei der richtigen Bodentemperatur entwickeln sich daraus bis September neue Sonnenblumen.

Blütenkorb (von hinten) mit den Hochblättern

Die **Samen**, die du als **Sonnenblumenkerne** kennst, reifen im Blütenkorb. Wenn die Sonnenblumen nicht rechtzeitig geerntet werden, fallen die Samen von selber ab. Mitunter wird der Blütenkorb so schwer, dass die Sonnenblume umkippt und dabei die Früchte ausstreut.

Blütenkorb mit reifen Samen

Brot mit Sonnenblumenkernen

Die Sonnenblume als Nahrungsmittel

Sonnenblumenkerne findet man in vielen Brot- und Gebäcksorten, in Müsli, Müsliriegeln und in Salaten. Sie werden auch geröstet und können so direkt gegessen werden. Daneben spielt die Verwendung von Sonnenblumenkernen als Vogelfutter eine große Rolle.

Salat mit Sonnenblumenkernen

Sonnenblumenöl

Aus Sonnenblumenkernen wird **Sonnenblumenöl** gewonnen. Die Samen werden geschält, gemahlen und anschließend gepresst.

Das so hergestellte Öl kann direkt für die Zubereitung von Speisen wie von Salaten oder zum Kochen verwendet werden. Es ist sehr hitzebeständig, daher kann man es auch zum **Frittieren** benutzen. Aus Sonnenblumenöl wird auch Majonäse oder Margarine hergestellt.

frittieren: in heißem Fett garen

Das Öl der Sonnenblume ist reich an Vitaminen und Mineralstoffen. Es ist daher für den Menschen sehr gesund.

Müsli mit Sonnenblumenkernen

Die Sonnenblume als Rohstofflieferant

Um unerwünschte Bestandteile zu entfernen, kann Sonnenblumenöl auch **raffiniert** werden. Dadurch kann das Öl zur Herstellung von Farben und Lacken oder als Treibstoff wie z. B. Biodiesel verwendet werden. Auch als Bestandteil von Arzneimitteln oder in Salben und Cremen findet man Sonnenblumenöl. Die ausgepressten Sonnenblumenkerne können noch als Viehfutter genutzt werden.

raffinieren: unerwünschte Bestandteile entfernen

Ölfarben

Auch aus den Samen anderer Nutzpflanzen kann Öl gewonnen werden. In Österreich werden Raps, Echter Lein, Kürbis und Färberdistel als **Öllieferanten** angebaut.

Raps

Die **Samen** der Raps-Pflanze enthalten einen hohen Anteil an Öl. Als Speiseöl war es früher ungeeignet, da es sehr bitter schmeckt. Erst in den 1970er-Jahren wurden Raps-Pflanzen gezüchtet, deren Öl auch als Speiseöl verwendet werden kann.

Heute wird Raps auf großen Flächen angebaut, aber nur ein kleiner Teil des Öls wird als Nahrungsmittel verwendet. Der Großteil des Öls kommt als **Biotreibstoff** zum Einsatz.

Raps

Echter Lein

Echter Lein

Aus den Samen des Echten Leins, der auch **Flachs** genannt wird, wird das **Leinöl** gewonnen. Es eignet sich als Nahrungsmittel, ist aber nur sehr **kurz haltbar**. Wenn es mit Luft in Berührung kommt, entwickelt es bereits nach einigen Tagen einen bitteren Geschmack.

Leinöl wird vor allem zum Herstellen von **Farben** und **Lacken** oder als Bestandteil von **Holzschutzmitteln** verwendet. Es ist auch ein Grundstoff für die Herstellung von **Kosmetikartikeln**.

Kürbiskernöl

Erkundige dich, welches Öl bei dir zu Hause verwendet wird! Gibt es verschiedene Öle bei euch? Welches Öl wird wozu verwendet?

Steirischer Ölkürbis

Der steirische Ölkürbis ist eine Kürbissorte, die fast ausschließlich in der **Steiermark** angebaut wird. Als einzige Kürbissorte haben seine Samen keine harte Schale und können leicht gemahlen und gepresst werden. Das so gewonnene Öl hat eine dunkelgrüne Farbe und wird ausschließlich als Nahrungsmittel genutzt.

„**Steirisches Kürbiskernöl**" ist ein geschützter **Markenname** und darf nur für Öl aus der Steiermark verwendet werden.

Steirischer Ölkürbis

Die **Sonnenblume** gehört zu den Asterngewächsen. Aus den Samen gewinnt man Öl. Außerdem werden in Österreich noch die Samen von **Raps**, **Echtem Lein** und von **Kürbissen** und **Färberdisteln** für die **Erzeugung** von **Speiseöl** genutzt.

Färberdistel

Die Färberdistel gehört, so wie die Sonnenblume, zu den Asterngewächsen. Aus ihren Samen wird das **Distelöl** gewonnen, das als Nahrungsmittel und zur Herstellung von Farben und Lacken verwendet wird.

Aus den Blüten der Färberdistel können **Farbstoffe** gewonnen werden, die früher zum Färben von Stoffen eingesetzt wurden. Die Farbstoffe sind nicht giftig, daher werden sie auch als Lebensmittelfarben verwendet. Du findest sie heute unter anderem im **Fruchtgummi**.

Färberdistel

Nun geht's los – Aufgaben für schlaue Köpfe!

1) In dieser Sonnenblume sind die Namen von 9 Pflanzen versteckt! **Finde sie und ordne die Namen richtig zu!★★★**

V	X	N	B	H	T	P	M	A	R	G	E	R	I	T	E
F	Ä	R	B	E	R	D	I	S	T	E	L	E	K	J	A
G	H	R	M	R	Y	O	D	T	W	G	Z	V	D	N	M
T	S	V	F	Y	U	K	D	V	X	K	H	V	T	P	I
F	N	M	U	Y	B	R	X	Y	T	S	V	E	I	Z	O
H	U	F	L	A	T	T	I	C	H	D	J	O	W	H	V
L	X	H	A	T	B	O	M	E	F	J	W	Z	Y	F	G
L	F	X	X	H	O	C	C	C	Y	K	F	K	X	U	A
Ö	V	R	C	Y	C	E	V	I	N	Z	F	T	V	W	K
W	N	C	H	M	W	T	D	Q	M	D	U	V	M	G	H
E	R	N	A	I	U	V	O	O	R	O	T	K	L	E	E
N	R	B	G	A	R	T	E	N	A	S	T	E	R	H	B
Z	J	O	H	N	V	Q	S	A	L	B	E	I	U	Z	W
A	N	H	E	R	B	S	T	Z	E	I	T	L	O	S	E
H	S	O	N	N	E	N	B	L	U	M	E	O	W	U	K
N	H	C	Q	F	M	N	D	C	F	K	E	X	R	D	B

Asterngewächse:

____

____

____

____

Keine Asterngewächse:

____

____

2) **Bringe die Satzteile in die richtige Reihenfolge, dann ergeben die Buchstaben einen Fachausdruck, der mit der Bewegung zur Sonne zu tun hat!** Tipp: Beginne mit dem roten „H"!★★★

- **R** – bewegen sich jedoch nicht. Sie sind
- **S** – ihrer Ruheposition, also nach Osten ausgerichtet, ein.
- **U** – Zellen und „frieren" so die Position der Blüte in
- **T** – ihre ursprüngliche Position zurück. Die Blüten
- **E** – Eigenschaft: Wenn die Sonne scheint, verfolgen
- **M** – die Blüte gebildet hat, verhärten diese
- **O** – meistens nach Osten ausgerichtet. Diese Bewegung
- **I** – von Ost nach West. In der Nacht oder in der
- **S** – ausgeführt. Sobald sich aus der Knospe
- **H** – Sonnenblumen haben eine besondere
- **I** – unterhalb der Knospe oder der Blätter
- **L** – die Knospen und Blätter den Verlauf der Sonne
- **P** – wird von speziellen „Motorzellen" im Stängel
- **O** – Morgendämmerung kehren sie wieder in

LÖSUNGSWORT: H . . . .

Nun geht's los – Aufgaben für schlaue Köpfe!

3) **Ölbauern in Österreich** – Hier siehst du 5 Bauern, die sich auf den Anbau einer jeweils anderen Pflanze spezialisiert haben, aus der Öl gewonnen werden kann. Jeder von ihnen bewirtschaftet ein Feld von 1 ha. **Finde heraus, wie viel jeder von ihnen beim Verkauf seines Öls einnimmt! ★★★★**

Bauer Grundner hat ein Rapsfeld, auf dem er etwa 3 500 kg Rapssamen ernten wird. Pro kg Samen erhält er 0,43 l Rapsöl. Er verkauft dieses Öl direkt auf seinem Hof und erhält pro Liter € 2,40.

Wie hoch sind seine gesamten Einnahmen aus dem Verkauf von Rapsöl? ____________ €

Bauer Grausgruber möchte auf seinem Feld erstmals Färberdisteln säen. Er erwartet eine Erntemenge von 2 000 kg Distelsamen. Aus 1 kg dieser Samen will er 0,25 l Distelöl herstellen. Er möchte dieses Öl an einen Händler verkaufen, der ihm pro Liter einen Preis von € 14,70 versprochen hat.

Wie viel Geld wird er erhalten? ____________ €

Bauer Lechner hat sich auf Kürbiskernöl spezialisiert. Auf seinem Feld erntet er so viele Kürbisse, dass er daraus 1 000 kg Kerne erhält. Nach dem Pressen bleibt von 1 kg Kürbiskernen 0,33 l Öl über. Seine Kunden kaufen dieses Öl direkt bei ihm und bezahlen für 1 Liter € 26,70.

Wie viel nimmt er ein? ____________ €

Bauer Sperl baut auf seinem Feld Sonnenblumen an. Er erntet im Herbst 3 300 kg Sonnenblumenkerne. Aus 1 kg Sonnenblumenkernen erhält er 0,4 l Öl. Am Biomarkt kann er für einen Liter Sonnenblumenöl € 5,20 verlangen.

Wie viel nimmt er ein? ____________ €

Bauer Kahlhammer pflanzt Echten Lein auf seinem Feld und wird voraussichtlich 1 400 kg Leinsamen erhalten. Beim Pressen gewinnt er aus 1 kg 0,38 l Leinöl. Dieses ist bei seinen Kunden sehr begehrt und erzielt einen hohen Preis. Er erhält pro Liter € 16,90.

Wie hoch sind seine Einnahmen? ____________ €

Welcher dieser Bauern verdient am meisten? **Kreuze an!**

Grundner	**Grausgruber**	**Lechner**	**Sperl**	**Kahlhammer**
☐	☐	☐	☐	☐

4) **Überlege!** Warum pflanzt nicht jeder Bauer die Pflanze, für deren Öl er das meiste Geld erhält? **Sprecht darüber in der Klasse und führt Gründe an! ★★★★**

26. DIE BOHNE – EIN SCHMETTERLINGS-BLÜTENGEWÄCHS

Bohnen, **Erbsen**, **Linsen** und **Sojabohnen** bilden Hülsenfrüchte. Diese Pflanzen gehören zu den **Schmetterlingsblütengewächsen**, da ihre Blüten Schmetterlingsflügeln ähnlich sehen. Die Schmetterlingsblütengewächse werden auch Saubohnengewächse genannt.

Erbsenblüte

Bohnenblüte

Sojablüte

Früchte der Erbsenpflanze in Hülsen

Frucht der Gartenbohne

Keimende Bohne

Samen keimen

Aus einer befruchteten **Bohnenblüte** entstehen die **Samen**. Diese stecken in einer Hülse, die sie schützt. So können Samen bei ungünstigen Bedingungen wie Kälte, Trockenheit oder extreme Hitze längere Zeit überdauern. Erst wenn für sie **günstige Bedingungen** gegeben sind, beginnen sie zu **keimen**.

An dieser Abbildung siehst du, wie eine Bohne aufgebaut ist.

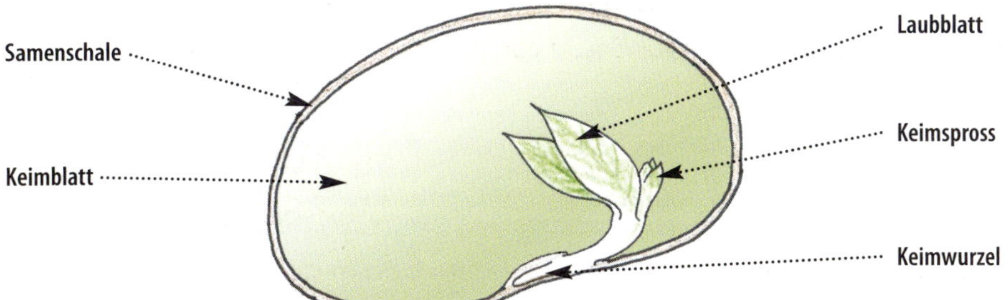

Aufbau einer Bohne

Bereits im Samen kannst du die junge Pflanze erkennen. Beginnt die Bohne im Boden zu keimen, wächst zuerst eine kleine **Keimwurzel** und nach oben ein **Keimspross**. Bohnen bilden 2 Keimblätter, sie gehören zu den zweikeimblättrigen Pflanzen. Die beiden Keimblätter versorgen den Keimling so lange mit Nahrung, bis die Wurzeln Mineralstoffe und Wasser aus dem Boden holen und die junge Pflanze selbst Nahrung herstellen kann.

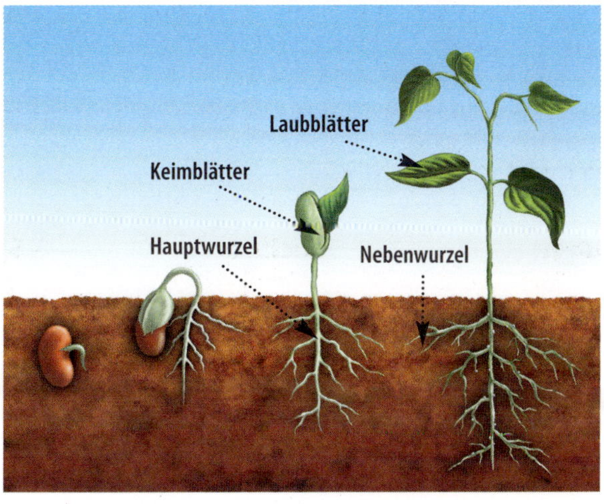

Keimende Bohne (zwei Keimblätter)

Auch du kannst einen Keimversuch mit Bohnen anstellen. Hinweise dazu findest du im Arbeitsteil!

Wie beeinflussen Schmetterlingsblütler den Boden?

Alle Pflanzen benötigen Stickstoff, den sie aber nicht aus der Luft aufnehmen können. Die Wurzeln der Schmetterlingsblütler bilden kleine Knöllchen. In diesen binden Bakterien den Stickstoff aus der Luft, um ihn in Stickstoffverbindungen umzuwandeln. Diese dienen den Pflanzen als Dünger.

Nahrungsmittel und Futterpflanzen

Die **Sojabohne** wurde in den letzten Jahren bei uns zu einem wichtigen Nahrungsmittel. Ihre Bohnen enthalten nicht nur viel Eiweiß und Kohlenhydrate, sondern auch viel Öl, das durch seine **Omega-3 Fettsäuren** besonders gesund ist.

Omega-3 Fettsäuren: lebensnotwendige Stoffe, die der Körper selbst nicht herstellen kann

Manche Menschen vertragen keine **Kuhmilch**. Für sie ist Sojamilch ein wertvoller **Ersatz**. In Bioläden findest du viele verschiedene Lebensmittel, die aus Soja hergestellt werden.

Tofu wird aus Sojabohnen hergestellt.

Sojapflanzen

Sojabohnen in Hülsen

Welche Hülsenfrüchte isst du gerne?
Wie werden sie bei dir zu Hause zubereitet?
Wenn du jemanden kennst, der/die nur Sojamilch trinkt, erkundige dich nach dem Grund!

Wertvolle Futterpflanzen

Rot-Klee

Luzerne

Der **Rot-Klee** und die **Luzerne** werden als **Futterpflanzen** für Nutztiere auf Feldern angebaut. Die Luzerne stammt aus den Steppen Asiens.

Der **Rot-Klee**, der auch **Wiesen-Klee** genannt wird, ist eigentlich eine Wiesenpflanze. Er wird oft als **Nachfrucht** auf **Stoppelfeldern** angebaut. Als Nachfrucht verbessert der Rot-Klee den Boden: Er bewirkt, dass der Boden bedeckt ist und die lockere Erde vom Wind nicht weggeweht werden kann. Außerdem binden die Bakterien in seinen Wurzelknöllchen Stickstoff und erzeugen so Dünger für die Feldpflanzen im nächsten Jahr.

Nachfrucht: eine Pflanze, die man nach der Ernte anbaut

Stoppelfeld: Wenn das Getreide gemäht ist, bleiben kurze Halme, die Stoppeln, auf den Feldern stehen.

Die **Blüte** der Schmetterlingsblütengewächse sieht einem **Schmetterling ähnlich**. Ihre **Früchte** nennt man **Hülsenfrüchte**. Die Samen, die in Hülsen stecken, sind reich an **Eiweiß** und **Kohlenhydraten**. Sie sind wichtige Nahrungsmittel für Menschen und Tiere. Diese Pflanzen **verbessern den Boden**.

Bekannte Schmetterlingsblütengewächse

Robinie

Gemeiner Goldregen

Die **Robinie** ist ein Baum, der aus Nordamerika stammt und bei uns in Österreich eingebürgert wurde.

Seine Blüten bieten den **Bienen** besonders viel **Nektar**. Den Honig, den sie daraus herstellen, kennst du vielleicht als **Akazienhonig**.

Ein beliebter Zierstrauch in Parkanlagen ist der Gemeine **Goldregen**.
ACHTUNG! Alle Teile dieses Strauches sind **giftig**!

Nun geht's los – Aufgaben für schlaue Köpfe!

1) Heute will Bauer Schober seine Hülsenfrüchte verkaufen. Er preist seine Produkte auf dem Bauernmarkt laut an. **Finde heraus, welche Hülsenfrüchte er zu verkaufen hat!** Tipp: Wenn du Hilfe brauchst, setze einfach die Silben zusammen! ★★★

Diese Früchte enthalten besonders viel Eiweiß.
Sie fördern die Verdauung und regen die Blutbildung an.
Probiert doch mal meine ______________!

Diese Früchte enthalten Eiweiß und Kohlenhydrate, aber nur wenig Fett. Sie haben einen hohen Gehalt an Vitamin B, daher sind sie gut für die Nerven.
Kostet meine ______________!

Diese Hülsenfrüchte enthalten besonders viel Eiweiß, wertvolle Mineralstoffe und Spurenelemente.
Sie sind reich an Vitamin C und E. Kommt,

Leute, kauft meine ______________ !

In diesen Früchten ist fast alles enthalten, was der Mensch zum Leben braucht. Man kann viele Nahrungsmittel daraus herstellen. Sie sind eine echte Alternative für Personen, die auf Kuhmilch allergisch sind.
Kommt und kauft meine hervorragenden ______________!

2) Lisa hat selbst Bohnen zum Keimen und Wachsen gebracht. In ihrem Protokoll hat sie aber einen Satz vergessen. **An welche Stelle passt dieser rot gedruckte Satz? Male den richtigen Buchstaben an!** ★★★

Daran sieht man zwei kleine Laubblätter.

A Damit meine Bohnen schneller keimen, habe ich sie 24 Stunden in eine Schale mit Wasser gelegt. B Die Bohnen sind jetzt dick, weil sie viel Wasser enthalten. C Die beiden Keimblätter ernähren das kleine Pflänzchen, bis sich Haupt- und Nebenwurzeln gebildet haben, die Nährstoffe und Wasser aus dem Boden holen können. D Bald bilden die Bohnen im Boden eine Keimwurzel. E Diese hält die Pflanze im Boden fest. F Aus der Erde wächst ein Keimspross. G Nun ist meine Bohnenpflanze so groß, dass sie sich mit Hilfe der Wurzeln und der Laubblätter selbst ernähren kann.

Nun geht's los – Aufgaben für schlaue Köpfe!

3) So viele Blüten! **Ordne die Namen richtig zu, indem du die Buchstaben einsetzt!★★**

A. Erbse
B. Bohne
C. Soja
D. Robinie
E. Gemeiner Goldregen
F. Rot- Klee
G. Luzerne

4) **Suche dir ein Schmetterlingsblütengewächs aus und notiere alles, was du über dieses weißt, in deinem Heft!★★★★**
Beachte dabei folgende Punkte: **Herkunft ★ Verwendung ★ Besonderheiten**

5) Was gehört zusammen? **Finde dies heraus, indem du die Kästchen, die zusammengehören, mit Pfeilen verbindest!★★★**

6) **Für Spezialisten/Spezialistinnen** – **Kreuze das Richtige an!★**

Warum sind Schmetterlingsblütler wichtig für den Boden?

- ☐ *Weil sie Schmetterlinge anlocken.*
- ☐ *Weil sie wenige Mineralstoffe brauchen.*
- ☐ *Weil sie in Symbiose mit Bakterien leben, die den Boden verbessern.*

27. DIE ZUCKERRÜBE

Die Zuckerrübe – eine anspruchsvolle Kulturpflanze

Die **Zuckerrübe**, die von der **Gemeinen Rübe** abstammt, wurde so **gezüchtet**, dass sie besonders **viel Zucker** enthält. In Europa ist sie die wichtigste Pflanze, aus der Zucker gewonnen wird.

Damit Zuckerrüben gut gedeihen, brauchen sie **viel Licht**, ausreichend **Feuchtigkeit** und einen **nährstoffreichen Boden**. Um gute Erträge zu erzielen, benötigt die Zuckerrübe intensive Pflege. Der Boden muss zusätzlich **gedüngt** und besonders **gründlich bearbeitet** werden. Dazu wird der Boden sehr tief gepflügt, Unkraut und Schädlinge werden mit **Pestiziden** bekämpft. Sind die Sommermonate Juli und August heiß und regenarm, muss das Feld zusätzlich **bewässert werden**.

Rübe: Speicherorgan, verdickte Hauptwurzel

Pestizide: dazu zählt man Insektizide (vernichten Insekten), Herbizide (vernichten „Unkräuter") und Fungizide (vernichten Pilze)

Entwicklung der Zuckerrübe

Zuckerrüben sind **zweijährige Pflanzen**.
1. Jahr: Es bildet sich über der Erde eine **Blattrosette**, die aus bis zu 20 Laubblättern bestehen kann. In der Erde entsteht aus einer verdickten Wurzel die weiße **Rübe** als Speicherorgan. Die Wurzeln der Zuckerrübe können tief in den Boden reichen.

2. Jahr: Erst jetzt blüht die Pflanze und die Samen reifen. Dazu verbraucht die Pflanze den in der Rübe gespeicherten Zucker.

Geerntet wird die Zuckerrübe daher im ersten Jahr, da zu diesem Zeitpunkt der Zuckergehalt am größten ist.

Verwendung der Zuckerrübe

Der Zucker aus der Zuckerrübe wird zu **braunem** und **weißem Zucker**, **Kandiszucker**, **Puderzucker** oder **Staubzucker** verarbeitet. Die **Abfallprodukte** bei der Zuckerherstellung, die ausgelaugten Rübenschnitzel, werden zu **Futtermitteln** verarbeitet. In den letzten Jahren zählt man die Zuckerrübe auch zu den nachwachsenden Rohstoffen, da sie für die Herstellung des Biokraftstoffes **Bioethanol** und von **Biogas** angebaut wird.

1 Karotte – Rübe | 2 Rettich – Rübe
3 Kohlrabi – Sprossknolle | 4 Zuckerrübe – Rübe
5 Futterrübe – Rübe | 6 Rote Rübe – Rübe
7 Kartoffel – Sprossknolle

Wirtschaftlich genutzte Rüben und Knollen: stammen aus verschiedenen Pflanzenfamilien

Wie wird Zucker gewonnen?

Rüben werden kontrolliert und gewaschen.

Rüben werden zu Rübenschnitzeln zerkleinert. Dann wird der Zucker mit heißem Wasser aus den Schnitzeln gelöst. Der Zuckersaft wird gereinigt.

Wasser wird verdampft, dadurch entstehen Zuckerkristalle.

Die **Zuckerrübe** stammt von der Gemeinen Rübe ab. Durch Züchtung wurde der Zuckergehalt erhöht. Sie ist in Europa die wichtigste Pflanze für die Zuckergewinnung.

28. WILDKRÄUTER AUF DEN ÄCKERN

Wildkräuter im Getreidefeld

Heute findet man auf den Feldern nur noch selten Wildkräuter. In der Landwirtschaft betrachtet man sie als „Unkräuter“, die das Wachstum der Nutzpflanzen behindern und den Ertrag vermindern. Heimische **Wildkräuter** sind den Kulturpflanzen überlegen. Sie sind **widerstandsfähiger**, **anspruchsloser** und **wachsen rascher**. Ihr Vorkommen trägt zum biologischen Gleichgewicht bei. Meist blühen und fruchten sie früher als die Kulturpflanzen. Die Anzahl ihrer Samen ist oft sehr groß. Um sie wirksam zu bekämpfen, wurden und werden Pflanzengifte auf die Felder gesprüht.

Schachtelhalm im Sommer

Acker-Kratzdistel

Acker-Winde

Kornrade

Beispiele für heimische Wildkräuter auf Feldern sind der **Acker-Schachtelhalm**, die **Acker-Kratzdistel**, die **Acker-Winde**, die **Kornrade** und der **Klatschmohn**.

Klatschmohn

Die Erdsprosse des **Acker-Schachtelhalms** und der **Acker-Kratzdistel** liegen so tief, dass sie mit dem Pflug nicht erreicht werden.

Die **Acker-Winde** bildet meterlange unterirdische **Ausläufer**, die sogar dann weiterwachsen, wenn sie beim Pflügen zerstückelt werden.

Die **Kornrade** bildet zahlreiche für den Menschen giftige Samen. Durch die **Saatgutreinigung** ist sie immer seltener zu finden, sodass sie heute zu den gefährdeten Arten zählt.

Der **Klatschmohn** produziert eine große Anzahl an Samen. Diese reifen vor der Getreideernte.

Ausläufer: Seitensprosse einer Pflanze

Saatgutreinigung: Maschinen sortieren Körner aus, die eine andere Länge als das Hauptgut haben.

mulchen: mit Schnittgut abdecken

Erhalt der Wildkräuter – Erhalt des biologischen Gleichgewichts

Wildkräuter verursachen Probleme für die Landwirtschaft. Aber sie sind wichtig für die Erhaltung der **Artenvielfalt** und für das **biologische Gleichgewicht**. Sie sind Nahrungsgrundlage für viele Tierarten wie Marienkäfer oder Schwebfliegen. Diese Tiere wiederum fressen Tiere, die für die Landwirtschaft schädlich sind. Der Schutz der Wildkräuter kann dazu beitragen, dass die Ausbreitung von Schädlingen verhindert wird.

Daher sollten den Wildkräutern ausreichend Lebensräume überlassen werden. Sie benötigen Flächen, die nicht gedüngt, nicht mit Unkrautvernichtungsmitteln besprüht und die nicht **gemulcht** werden. Auf Ackerrainen – den Randstreifen zwischen Äckern –, auf Böschungen und an Wegrändern könnten Wildkräuter erhalten bleiben.

Wildkräuter sind widerstandsfähiger, anspruchsloser und wachsen schneller als Kulturpflanzen. **Ihr Vorkommen trägt zum biologischen Gleichgewicht bei.**

Nun geht's los – Aufgaben für schlaue Köpfe!

1) **Richtig oder falsch** – Bei einem Informationszettel zu den Hackfrüchten in Österreich wurde versehentlich auch ein fehlerhafter Text kopiert. **Lies dir diese beiden Texte zuerst einmal genau durch! Dann entscheide, welcher Text richtig ist und ausgesendet gehört! ★★★**

A: HACKFRÜCHTE
Die wichtigsten in Österreich angebauten Hackfrüchte sind Kartoffeln sowie Futter- und Zuckerrüben. Sie heißen so, weil der Boden während der Zeit, in der sie keimen, behackt und aufgelockert werden muss.
Die Futterrübe hat kleine Blätter und eine nährstoffreiche Rübe. Diese Rübe ist ein wertvolles Viehfutter.
Die Zuckerrübe ist eine Zuchtform der Futterrübe. Ihr Zuckergehalt konnte durch die Züchtung von 50 % auf 100 % gesteigert werden. Sie muss nach der Ernte länger gelagert werden, weil dadurch der Zuckergehalt rasch steigt. Die Rübenschnitzel, die bei der Zuckergewinnung am Ende übrig bleiben, sind wertloser Abfall.

B: HACKFRÜCHTE
Die wichtigsten in Österreich angebauten Hackfrüchte sind Kartoffeln sowie Futter- und Zuckerrüben. Sie heißen so, weil der Boden während der Zeit, in der sie wachsen, behackt und aufgelockert werden muss.
Die Futterrübe hat nährstoffreiche Blätter und eine nährstoffreiche Rübe. Diese Rübe ist ein wertvolles Viehfutter.
Die Zuckerrübe ist eine Zuchtform der Gemeinen Rübe. Ihr Zuckergehalt konnte durch die Züchtung von 5 % auf 20 % gesteigert werden. Sie muss nach der Ernte schnell verarbeitet werden, weil durch eine lange Lagerung der Zuckergehalt weniger wird. Die Rübenschnitzel, die bei der Zuckergewinnung am Ende übrig bleiben, sind wertvolles, eiweißreiches Viehfutter.

Welcher Text ist richtig? **Kreuze an!** ☐ A ☐ B
Woran hast du das erkannt? **Markiere dazu die falschen Textstellen!**

2) **Was geschieht wann?** Wie du schon gehört hast, ist die Zuckerrübe eine zweijährige Pflanze. **Ordne die Entwicklungsschritte richtig zu! ★**

1. JAHR:	2. JAHR:

Die Pflanze blüht, die Samen reifen. ★ Sie bildet oberirdisch eine Blattrosette. ★ Die Pflanze verbraucht die gespeicherten Nährstoffe. ★ Die Wurzel verdickt sich zu einem weißen Rübenkörper.

3) Überlegt gemeinsam in 3-er Gruppen, welche Folgen der Einsatz von Pestiziden haben kann! **Gestaltet dann ein Plakat, das zum Nachdenken anregt! ★★★**

Nun geht's los – Aufgaben für schlaue Köpfe!

4) **Wildkräuter und ihre Besonderheiten** – Bei dieser Schautafel fehlen einige Teile wie einmal der Name, dann wieder die Besonderheit dieser Pflanze oder auch alles. **Vervollständige die Lücken! ★★★**

NAME: ____________________

BESONDERHEIT: Der Erdspross liegt sehr tief im Boden, sodass er mit dem Pflug nicht erreicht werden kann.

NAME: Klatschmohn

BESONDERHEIT: ____

____

NAME: ____________________

BESONDERHEIT: ____

____

NAME: ____________________

BESONDERHEIT: ____

____

NAME: Schachtelhalm

BESONDERHEIT: ____

____

5) Warum sind Wildkräuter den Kulturpflanzen überlegen? **Kreuze die 3 richtigen Antworten an! ★**

- ☐ Sie sind widerstandsfähiger.
- ☐ Die Anzahl ihrer Wurzeln ist größer.
- ☐ Sie blühen früher.
- ☐ Sie wachsen schneller.

6) **Überlege, wo Wildkräuter wachsen könnten, ohne den Ertrag aus der Landwirtschaft zu vermindern! Wie müssen diese Lebensräume beschaffen sein? ★★**

____

____

7) Frage: Warum müssen auch Pflanzen gedeihen, von denen Menschen keinen Nutzen haben? **Diskutiere darüber mit deinen Mitschülern und Mitschülerinnen! ★★★**

29. DIE HECKE ALS LEBENSRAUM

Natürliche Hecken sind häufig Reste, die übrigbleiben, wenn ein Wald abgeholzt wurde, um Platz für Felder zu gewinnen.

Man findet sie auch an Stellen, die nicht landwirtschaftlich genutzt werden können, beispielsweise entlang eines Baches oder an Wegrändern.

Künstliche Hecken hingegen pflanzt man meist als Grenzmarkierung zwischen Feldern und Weiden oder als Windschutz. Auch in Gärten und Parkanlagen findest du Hecken.

Hecken zwischen Feldern

Hecke: Das Wort stammt von dem germanischen Wort „hagon" ab und bedeutet so viel wie „einfassen".

effizient: wirksam, wirtschaftlich

Du siehst hier verschiedene von Menschen gepflanzte Hecken. Welche Aufgaben erfüllen die einzelnen Hecken? Welche Unterschiede kannst du erkennen?

Künstliche Hecken

Je nach ihrer Höhe unterscheidet man 3 Heckentypen:

- **Niederhecken:** Diese bestehen aus niedrigen Sträuchern und erreichen eine Höhe von 2 bis 3 m.
- **Hochhecken:** Diese bestehen aus Sträuchern mit einer Höhe von etwa 5 m.
- **Baumhecken:** In ihrem Inneren wachsen zusätzlich zu Sträuchern auch Bäume.

Um die Arbeit auf den Feldern schnell und **effizient** zu erledigen, setzt man heute große landwirtschaftliche Maschinen wie Traktoren und Mähdrescher ein. Für eine einfachere Bewirtschaftung benötigt man möglichst große Felder. Daher wurden kleinere Felder zusammengelegt und die Hecken dazwischen abgeholzt.

Aufbau einer Hecke

Die Hecke ist ein dichter, meist schmaler Streifen aus Sträuchern und Bäumen. Der **Kern** einer Hecke besteht aus höheren Sträuchern. Bäume ragen darüber hinaus und bilden das **Dach**. Weiter außen wachsen Sträucher, aus denen der **Mantel** besteht. Am Rand schließt der **Saum** aus niedrigen Büschen und Kräutern an. Auch bei Hecken kann man einzelne Schichten unterscheiden.

Bau der Hecke

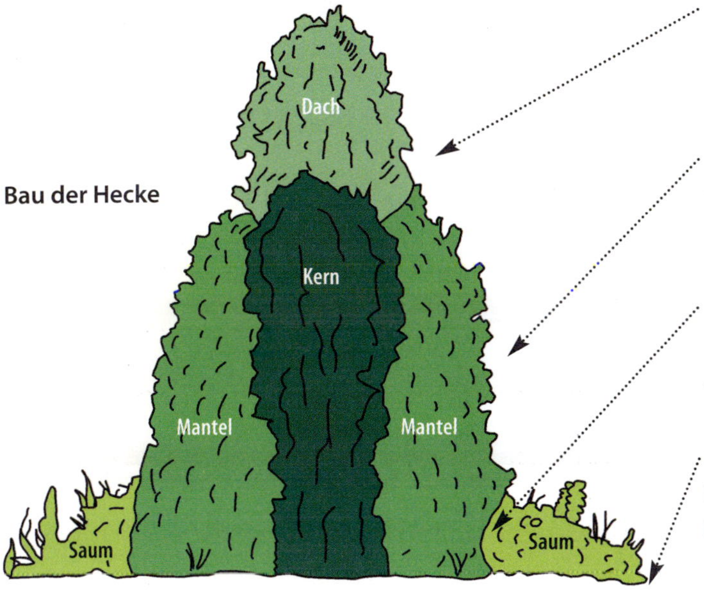

BAUMSCHICHT:
Gehölze über 5 m Höhe wie z. B. Linde, Mehlbeere, Ahorn, Vogelkirsche

STRAUCHSCHICHT:
Gehölze von 0,5 - 5 m Höhe wie z. B. Liguster, Weißdorn, Schlehe, Haselnuss

KRAUTSCHICHT:
Kräuter und Gehölze bis 0,5 m Höhe, vor allem am Rand der Hecke

BODENSCHICHT:
Direkt am Boden wachsen Moose, Flechten und Pilze.

Gehölz: Pflanzen, die Holz bilden wie Bäume und Sträucher

Bedeutung der Hecke für ihre Umgebung

Betrachte die Abbildung und erkläre sie deinem Sitznachbarn/ deiner Sitznachbarin!

Mikroklima: Klima in einem kleinen Gebiet

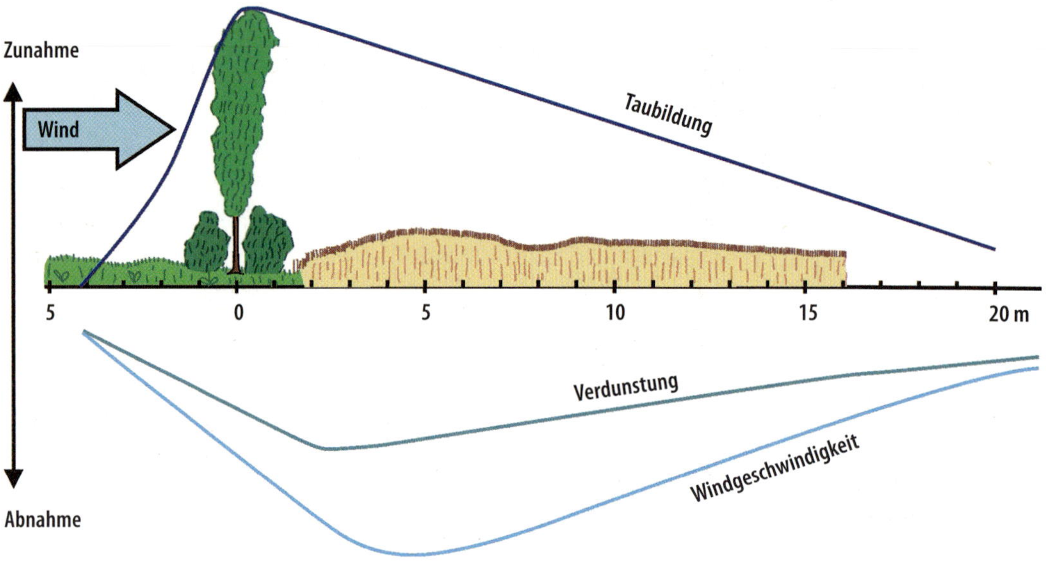

Hecken und ihre Wirkung auf das **Mikroklima**

Gemeine Schafgarbe

Echte Kamille

Spitzwegerich

Hecken beeinflussen das Klima ihrer unmittelbaren Umgebung stark. So bremsen sie den Wind und schützen dadurch den Boden vor **Erosion**. Im Winter verhindern sie **Schneeverwehungen**.

Hecken sorgen für einen Temperaturausgleich. In der **Kernzone der Hecke** ist es im **Winter wärmer**. Im **Sommer** hingegen ist es **kühler** als in der Umgebung oder auf dem freien Feld, da die Pflanzen der Hecke mehr **Wasser** als die Pflanzen in ihrer Umgebung **verdunsten**. Auf der windabgewandten Seite der Hecke kommt es zu einer verstärkten **Bildung von Tau**. Die höhere Feuchtigkeit begünstigt das Wachstum anderer Pflanzen.

Die Wurzeln der Heckenpflanzen halten das Erdreich fest. **Hecken**, die an Hängen wachsen, **verhindern** so, dass bei starkem Regen das **Erdreich** weggespült wird.

Windschutzhecken

Hecken entlang eines **Baches** regulieren die **Wassertemperatur**. Auch hier festigen die Wurzeln den Uferbereich. Krebse und Fische nutzen im Uferbereich **Hohlräume** zwischen den Wurzeln als Unterschlupf.

Hecken nützt man auch heute noch **landwirtschaftlich**. Sie liefern verschiedene Früchte sowie Brennholz und dienen als Bienenweiden.

Im Schutz vieler Hecken wachsen Pflanzen, die man als **Heilkräuter** bezeichnet. Dazu zählen Schafgarbe, Echte Kamille, Spitzwegerich und Brennnessel. Diese Heilkräuter sollten jedoch nicht gesammelt werden, wenn die Hecken entlang von Feldern wachsen. Sie können durch Pestizide belastet sein!

Bedeutung der Hecke für Tiere

⊙ **Wohn- und/oder Nistplätze:** Tiere verbringen hier ihre Ruhezeiten (z. B. Steinkauz), Tiere legen ihre Eier (z.B. Zauneidechse) und Tiere ziehen ihre Jungen auf (z. B. Igel).

⊙ **Schutz:** Werden Tiere während ihrer Nahrungsaufnahme gestört, von Feinden bedroht oder gibt es ungünstige Witterungsbedingungen, so finden sie Schutz in der Hecke (z. B. Feldhase, Rebhuhn). **Blütenbestäuber** wie Wildbienen, Schwebfliegen und Hummeln sowie wichtige **Insektenvertilger** wie Florfliegen, Marienkäfer, Igel oder Singvögel finden in Hecken ihre **Rückzugsgebiete**.

⊙ **Nahrungsraum:** Viele Tiere finden das ganze Jahr über Nahrung in der Hecke.

⊙ **Ausblick und Sitzplätze:** Eulen, Greifvögel und andere Vögel überblicken von der Hecke aus die Umgebung und starten von hier ihre Beuteflüge. Singvögel finden in der Hecke höher gelegene Stellen, von wo aus sie mit ihrem Gesang ihr Revier abgrenzen können.

⊙ **Überwinterungsorte:** Tiere wie die Haselmaus, die Zauneidechse oder der Igel verbringen hier die kalte Jahreszeit. Manche halten auch Winterschlaf oder Winterruhe. Störungen durch den Menschen können sich für diese Tiere tödlich auswirken.

Du siehst: Hecken leisten einen wichtigen Beitrag zum Überleben vieler Tiere.

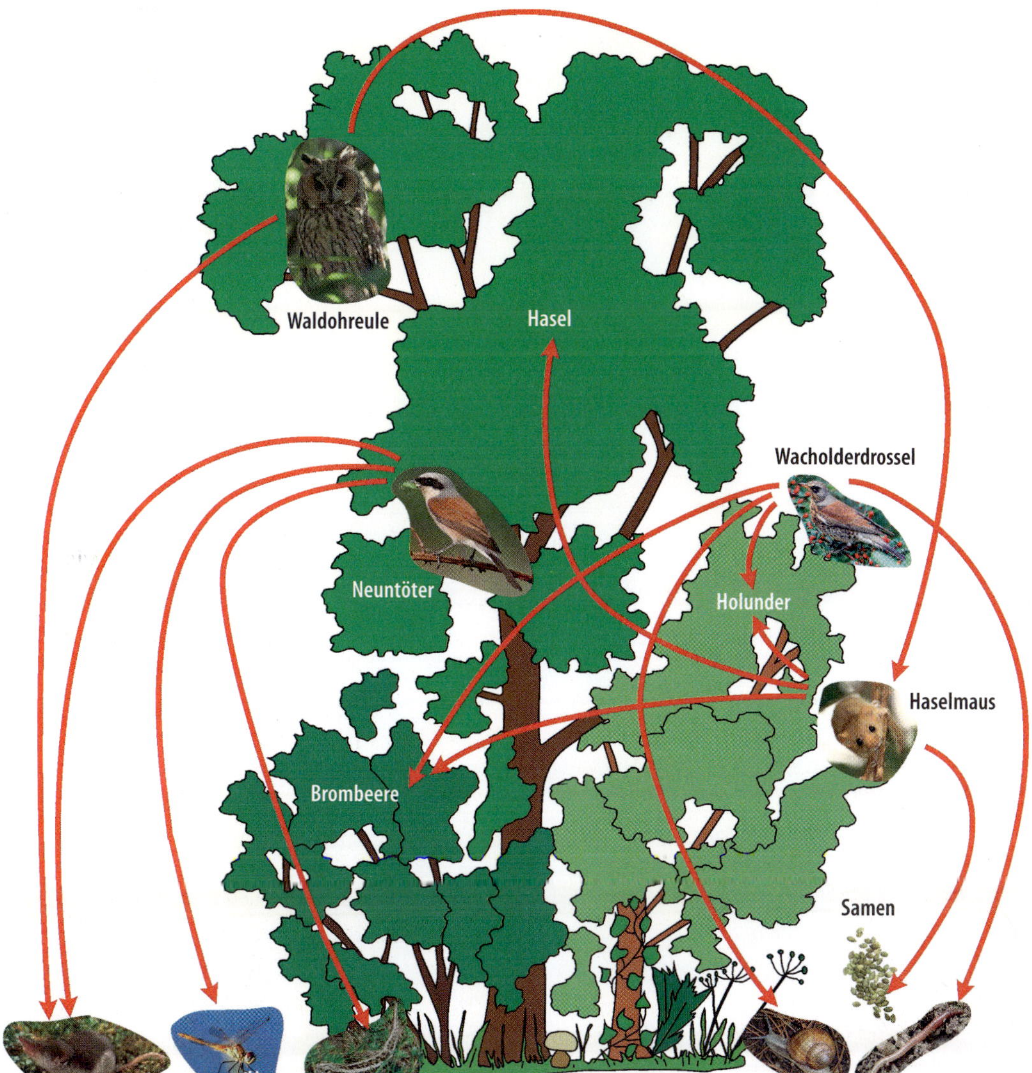

Nahrungsketten und Nahrungsnetze im Lebensraum Hecke

Vertilger: Vernichter

Rückzugsgebiet: Ort, an den Tiere zum Schlafen und Nisten zurückkehren können

Tiere im Ökosystem Hecke:

Wacholderdrossel

Goldammer

Neuntöter

Mauswiesel

Igel

Haselmaus

variieren: sich ändern

Weißdorn: Blüte und Frucht

Schwarzer Holunder: Blüte und Frucht

Hecken sind **wichtige Lebensräume** für Pflanzen und Tiere. Sie **verbessern** das **Klima** in ihrer **Umgebung** und sind Nist- und Rückzugsräume für Tiere. Sie schützen den Boden vor **Erosion**.

Häufige Sträucher der Hecke

Je nachdem, wo die Hecke wächst, ob sie angelegt wurde oder natürlich entstanden ist, **variiert** die Artenzusammensetzung der Gehölze. Besonders häufig bilden die folgenden Sträucher zusammen mit Laubbäumen wie Esche oder Hainbuche Hecken.

BLÜTE | **FRUCHT**

Schlehdorn oder Schwarzdorn
Ist ein dornenreicher Strauch. Er wird bis zu 40 Jahre alt, erreicht Wuchshöhen von bis zu 3 m.

Liguster
Manche Ligusterarten sind immergrüne Pflanzen, andere werfen im Herbst ihr Laub ab.
Sie wachsen 2 bis 5 m hoch.

Haselstrauch
Ist ein bis zu 5 m hoher, sommergrüner Strauch. Haselnüsse werden seit Jahrtausenden vom Menschen genutzt.

Roter Hartriegel
Ist ein 2 bis 5 m hoher, sommergrüner Strauch mit tiefroten, einjährigen Zweigen, die im Winter bereits von weitem leuchten.

Hecken-Rose
Hecken-Rosen werden 2 bis 4 m hoch und tragen von Mai bis Juni weiße bis rosa gefärbte Blüten. Die Früchte der Hecken-Rose sind die Hagebutten.

Nun geht's los – Aufgaben für schlaue Köpfe!

1) **Tiere der Hecke:** Die Hecke ist Lebensraum für viele Tierarten. Sie leben im Schutz der Hecke. Viele Tiere verlassen jedoch diesen Lebensraum, um Futter zu suchen. Wie weit sie sich dabei von der Hecke entfernen, siehst du in dieser Abbildung. Diese hilft dir auch dabei, die Lücken im Text zu füllen. ★★★★

Die ______________________ gehört zu den Singvögeln. Sie nistet in der Hecke. Wenn sie sich auf Futtersuche begibt, entfernt sie sich bis zu 150 m von ihrem Nistplatz. Das ______________________ jagt sowohl bei Tag als auch bei Nacht auf den benachbarten Feldern nach Mäusen. Dabei entfernt es sich bis zu 150 m von seinem Nest, das es mit trockenen Pflanzen, Haaren oder Federn auskleidet.

In Mitteleuropa gibt es etwa 750 verschiedene Arten von ______________________. Viele dieser Käfer leben im Lebensraum der Hecke. Die meisten davon sind räuberisch und jagen in der Nacht nach ihrer Beute – Insekten, Tausendfüßer, aber auch Schnecken und Regenwürmer. Sie sind dabei bis zu ____ m von der Hecke entfernt zu finden.

Der ______________ legt sein Nest in der Hecke an und polstert es mit trockenen Pflanzen aus. Seinen Winterschlaf verbringt er in der Hecke und darf dabei nicht gestört werden. Er ernährt sich vor allem von Insekten und Würmern und entfernt sich dabei bis zu 250 m von der Hecke.

Der ____________________ ist ein Zugvogel, der den Sommer bei uns verbringt. Er jagt vor allem große Insekten, die er aber nicht alle gleich frisst, sondern zum Teil auf den Dornen der Heckenpflanzen aufspießt. Sein Jagdrevier reicht bis zu ____ m vor die Hecke.

2) Welche Funktionen haben Hecken? Du findest dies heraus, wenn du den Text in Spiegelschrift lesen kannst. Notiere dann hier die wichtigsten Funktionen! ★

____

____

____

WINDSCHUTZ TEMPERATURAUSGLEICH HÖHERE FEUCHTIGKEIT
SCHUTZ VOR BODENEROSION LEBENSRAUM FÜR TIERE

Nun geht's los – Aufgaben für schlaue Köpfe!

3) Warum sind Hecken für Wildtiere wichtig? **Schreibe 4 Gründe auf! ★★★**

- ______________________________
- ______________________________
- ______________________________
- ______________________________

4) Mein Heckenmodell – **Halte dich an die Anweisungen, dann kannst du eine Hecke selbst nachbilden und einen Versuch durchführen! ★★★**

1. Stecke kleine Ästchen und Zweige von Sträuchern in eine Blumenkiste!
2. Bereite eine zweite Blumenkiste vor! In dieser sollen etwas längere Grashalme wachsen, die ein Getreidefeld darstellen.
3. Stelle die Kästchen so nebeneinander, wie du es auf dem Bild siehst!
4. Nun blase mit einem Fön (er soll den Wind symbolisieren) auf die „Hecke"!
5. Halte die Hand auf die andere Seite der Hecke!
6. Notiere die Ergebnisse deiner Beobachtung hier!

Was ich beobachtet und gespürt habe:

____

____

____

____

____

____

____

____

____

____

____

____

30. NATURNAHER NUTZGARTEN

Der naturnahe Garten, der auch **Ökogarten** genannt wird, ist so angelegt, dass er heimischen Pflanzen und Tieren einen Lebensraum bietet.

Naturnaher Garten

Will man in seinem Garten „vielfältiges Leben" haben, so muss man dort auch unterschiedliche Lebensräume gestalten. Zu einem Naturgarten gehören wichtige Einrichtungen wie Komposthaufen, Regentonnen, Nisthilfen, Totholzhaufen, Trockenmauern und ein Gartenteich oder ein Stück ungedüngte Wiese.

Versiegelte Flächen, also Flächen, in denen das Regenwasser nicht in den Boden eindringen kann, sollen möglichst nicht vorkommen. Deshalb sind Gartenwege so zu gestalten, dass das Wasser versickern kann.

Der Komposthaufen

Komposthaufen

Kompostieren ist die Zersetzung organischen Materials durch Kleinlebewesen wie Asseln, Springschwänze oder Regenwürmer. Organische Abfälle aus Garten und Haushalt kommen auf den Komposthaufen, um daraus wertvollen Dünger für den Garten herzustellen. Der Komposthaufen schließt den Stoffkreislauf im Garten und ist Nahrungsquelle für viele Tierarten. Durch die Abbauwärme in seinem Inneren, die bei der Zersetzung entsteht, bietet er Insekten die Möglichkeit zu überwintern. Ein Komposthaufen muss direkten Kontakt mit dem Boden haben, damit die Bodentiere ungehindert hineinkommen können.

Was darf in den Komposthaufen hinein?

Wildkräuter, Laub, Baum-, Hecken- und Strauchschnitt, unbehandeltes Holz, Stauden, Fallobst, Obst- und Gemüseabfälle, pflanzliche Speisereste, Brotreste, abgestorbene Zimmerpflanzen und alte Blumenerde gehören auf den Komposthaufen.

Auf keinen Fall sollte man Fleischreste, Knochen oder Eierschalen auf den Komposthaufen werfen, da sie unerwünschte Tiere wie Ratten anlocken können.

Nutzgarten

Wenn du zu Hause selbst einen Garten hast oder jemanden kennst, der einen besitzt, berichte, wie der Garten aussieht!

Wie kannst du feststellen, ob es ein naturnaher Garten ist? Betrachte dazu die Fotos! Welchem Foto ist dein Garten ähnlich?

Ziergarten

Blumengarten

Gemüsegarten

Nistkasten für Vögel

Lochziegelsteine

Nisthilfen aus Holz

Der naturnahe Garten ist **Lebensraum** für **viele verschiedene Pflanzen** und **Tiere**. Wichtige Elemente des Naturgartens sind **Komposthaufen**, **Regentonnen**, **Nisthilfen**, **Totholzhaufen**, **Trockenmauern**, **Gartenteiche** oder **Hecken**.

Die Regentonne

Die Regentonne nimmt das Wasser aus der Regenrinne auf und spendet so gratis **Gießwasser**. Da Regenwasser weich ist, also keinen Kalk enthält, ist es zum Gießen besser geeignet als Leitungswasser. Die Regentonne kann auch Tränke für Tiere sein. In Gebieten, in denen Stechmücken häufig sind, sollten Regentonnen abgedeckt werden, damit diesen Insekten keine zusätzliche Möglichkeit der Eiablage geboten wird.

Nisthilfen

Nisthilfen **ersetzen natürliche Nistmöglichkeiten**. Vögel und Insekten können durch Nisthilfen unterstützt werden. Ein **Lochziegelstein** an einer regengeschützten, sonnigen Stelle eignet sich als Nisthilfe für Wildbienen, Wespen und Hummeln. Diese Insekten bestäuben die Blüten, sodass eine reiche Ernte bei Obst und Gemüse gesichert ist.

Der Totholzhaufen

Ein Holzstapel oder auch Baumstümpfe im Garten **bieten Verstecke** oder **Überwinterungsmöglichkeiten** für kleine Säuger und Asseln. Totholz ist Nahrung für Käfer und Larven, Brutplatz für Wildbienen und viele andere Tiere.

Die Trockenmauer

Trockensteinmauern oder Steinhaufen in sonniger Lage sind ein **optimaler Brutplatz** für Zauneidechsen, Spinnen und Wildbienenarten. Auch Blindschleichen halten sich manchmal dort auf.

Trockenmauer

Der Gartenteich

Ein naturnaher Gartenteich ist Lebensraum für viele Pflanzen und Tiere. Kröten, Frösche und Molche finden hier einen Laichplatz. Sie und ihre Larven sind wertvolle **Vertilger** der Gelsenlarven. Auch Schnecken gehören zu den Beutetieren der Amphibien.

Für Fische sind die meisten Gartenteiche zu klein. Sie verschmutzen das Wasser mit ihrem Kot und stören den natürlichen Stoffkreislauf erheblich.

Gartenteich

Die Naturwiese

Die Naturwiese ist **Nahrungsquelle** und Lebensraum für zahlreiche Insekten. Vögel finden hier ausreichend Nahrung für die Aufzucht ihrer Jungen. Auf einer Naturwiese wachsen viele verschiedene Pflanzenarten, da sie nur ein- bis zweimal im Jahr gemäht wird. Lässt man einen Teil der Wiese länger stehen, finden dort Tiere Unterschlupf. Außerdem sollte das abgemähte Gras erst nach einigen Tagen entfernt werden, damit die Tiere ein neues Versteck suchen können. Man sollte Naturwiesen nicht düngen und **mulchen**, da die Artenvielfalt dadurch abnimmt.

Die Laubhecke

In ihrem Schutz entsteht im Garten ein **günstiges Kleinklima**. Sträucher filtern schädliche Abgase, Schmutz und Staub aus der Luft. Hecken vermindern den Lärm und sorgen im Herbst für eine besondere Farbenpracht im Garten.

Nun geht's los – Aufgaben für schlaue Köpfe!

1) Was darf da hinein? **Zeichne Pfeile von den Abfällen, die auf einen Komposthaufen gehören, zum Komposthaufen★★**

Apfelschale

alte Blumenerde

Papiertaschentücher

Wurstreste

Sägespäne

Salatblätter

Zwiebelschale

Laub

verfaulte Birne

Kaffeesud

Hühnerknochen

Baumschnitt

altes Schinkenblatt

Fleischreste

Küchenreste

Hühnerei

2) Vergleiche diese beiden Gärten! Überlege, auf welchen Garten die folgenden Sätze zutreffen! **Setze dann den passenden Buchstaben ein! ★★★**

A

B

◯ *Hier findet man besonders viele verschiedene Tierarten.*

◯ *Dieser Garten macht besonders viel Arbeit.*

◯ *Meist wird zusätzlicher Mineraldünger verwendet.*

◯ *Weder Pestizide noch Herbizide sind hier erwünscht.*

Nun geht's los – Aufgaben für schlaue Köpfe!

3) Du möchtest rund um dein Haus einen Naturgarten anlegen und hast einen Plan gezeichnet. Jetzt musst du den Plan nur noch beschriften. **Trage die richtigen Zahlen in die Kreise ein!★★**

1. Gartenteich ★ 2. Obstbäume ★ 3. Trockenmauer ★ 4. Gemüsebeete ★ 5. Komposthaufen ★ 6. Nistkästen für Vögel ★ 7. Steinhaufen ★ 8. Regentonne ★ 9. Hecke ★ 10. Totholzhaufen ★ 11. Baumstümpfe ★ 12. Lochziegelsteine ★ 13. Naturwiese

4) Welche Sätze passen zu den Begriffen? **Trage die passenden Buchstaben in die Kästchen ein!** Die richtige Zuordnung ergibt einen Fachausdruck für einen besonderen Garten.★★

☐ **Komposthaufen**

☐ **Regentonnen**

☐ **Nisthilfen**

☐ **Totholzhaufen**

☐ **Trockenmauern**

☐ **Gartenteiche**

Es ist das eigentliche Herzstück eines naturnahen Nutzgartens, denn es erzeugt wertvollen Dünger für den Garten. **Ö**

Ihr Wasser lässt Blumen und Gemüse gedeihen. **K**

Auf den ersten Blick ein Steinhaufen, genauer betrachtet ein wichtiger Brutplatz für Reptilien, Insekten und andere Kleintiere. **RT**

Hier finden Insekten bzw. deren Larven, die das Wasser auch reinigen, und Amphibien ihren Lebensraum. **EN**

Es sind Reste von Holzgewächsen, die Verstecke oder Überwinterungsmöglichkeiten bieten und Nahrungsquellen sind. **GA**

Sie ersetzen natürliche Brutplätze und locken dadurch auch seltene Tiere in den Garten. **O**

LÖSUNGSWORT: . . . .

31. PFLANZEN UND TIERE IM GARTEN

Pflanzen im Garten

Gartenbeete

Immer mehr Menschen legen Wert auf **schadstoffarme Nahrungsmittel** und wollen daher ihr eigenes **Gemüse** anbauen. Im **naturnahen Garten** können auch **Gemüsebeete** angelegt werden. Vieles, was Bestandteil einer gesunden Ernährung ist, gedeiht dort.

Ein **Gemüsegarten** wird **im Herbst umgegraben**, um die Erde einerseits aufzulockern und um andererseits das Wachsen von Unkraut zu bremsen.

Im **Frühling** beginnen die **Aussaat** und Bepflanzung. Im idealen Gemüsegarten gibt es eine reiche Mischung von sogenannten **Blatt-**, **Wurzel-** und **Zwiebelgemüsen**.

Der Kräutergarten

Kräuterspirale

Ein Kräutergarten braucht **nicht viel Platz**. Da unsere Küchenkräuter aus verschiedenen Klimazonen stammen, stellen sie **unterschiedliche Ansprüche** an den **Mineralstoffgehalt**, die **Temperatur** und die **Feuchtigkeit** des Bodens.

Eine **Kräuterspirale** kann diese Ansprüche erfüllen. Grundsätzlich heißt es: Je weiter oben in der Spirale desto trockener, wärmer und mineralstoffärmer ist es. Je weiter unten in der Spirale desto feuchter, kühler und mineralstoffreicher ist es. Die Wärme speichernden äußeren **Steine** sorgen für ein **ausgeglichenes Klima**.

Im unteren Teil pflanzt man **Küchenkräuter** wie Petersilie und Schnittlauch. Im mittleren Teil wachsen z. B. Oregano oder Basilikum. Im oberen Teil gedeihen z. B. Salbei und Thymian.

Petersilie

Schnittlauch

Oregano

Basilikum

Salbei

Echter Thymian

Beispiele für Gemüsesorten

Blattgemüse:

Kopfsalat

Blattsalat

Wurzelgemüse:

Karotten

Radieschen

Zwiebelgemüse

Lauch

Zwiebel

Diese Tiere siehst du im Garten, wenn es Holzstapel und Laubhaufen gibt:

Blindschleiche

Igel

Rotkehlchen

melken: hier: das Beklopfen des Hinterleibes von Blattläusen

fixieren: starr ansehen, nicht aus den Augen lassen

In einem Garten kann man auch schadstoffarmes **Gemüse** und **Küchenkräuter** ernten.
Kräuter können auf engem Platz nebeneinander gesetzt werden. Man unterscheidet **Blatt-**, **Wurzel-** und **Zwiebelgemüse**. **Pflanzen** und **Tiere** finden im Nutzgarten dann **gute Bedingungen**, wenn der Mensch auf den Einsatz von Pestiziden verzichtet.

Tiere im Garten

Wie du bereits weißt, bietet ein Steinhaufen vielen Lebewesen Lebensraum. Hier einige interessante Beispiele.

Die Erdkröte

Erdkröte

Eine Erdkröte versteckt sich gerne unter einem **Steinhaufen**. Sie findet dort auch Platz für die **Winterruhe**. Bereits im Frühherbst zieht sie sich dorthin zurück.

Die Erdkröte frisst verschiedene Käfer, Fliegen und Insekten. Im naturnahen Nutzgarten ist sie deshalb für den Menschen eine wichtige biologische Schädlingsvertilgerin.

Kleiner Bombardierkäfer

Bombardierkäfer

Der Kleine Bombardierkäfer gehört zu den **Laufkäfern**. Wird er angegriffen, spritzt er ein übelriechendes, ätzendes **Sekret** aus seinem Hinterleib. Dabei kommt es durch eine chemische Reaktion zu einer kleinen **Explosion**, bei der er das Sekret mit einem Knall auf angreifende Ameisen und Frösche verspritzt. Der Bombardierkäfer lebt **unter Steinen** in Gärten.

Schwarze Wegameise

Diese Ameisen sind die **häufigsten Insekten** im Garten. Ihren Ameisenbau legen sie unter **Steinen** an, damit der Bau vor Feinden geschützt ist.

Schwarze Wegameisen

Sie leben in einem **Dauerstaat** mit Königin, Männchen und Arbeiterinnen.

Die Schwarzen Wegameisen sind Allesfresser und **melken** zusätzlich Blattläuse, um an den **Honigtau**, das zuckerhältige Ausscheidungsprodukt der Blattläuse, zu gelangen. Sie schützen diese Tiere im Winter, indem sie sie im Herbst in eigene Kammern in ihrem Bau tragen, wo diese überleben können.

Die Zebraspringspinne

Zebraspringspinne

Die Zebraspringspinne baut wie alle **Springspinnen kein Netz**. Mit ihren gut entwickelten Augen erkennt sie ein Beutetier und **fixiert** es. Dann schleicht sich die Spinne an. Aus kurzer Entfernung wird das Opfer angesprungen und mit den Kieferklauen gepackt. **Schutz** vor **Feinden** und **schlechtem Wetter** findet sie in einem **Steinhaufen**.

Alle diese Lebewesen können nur dann im Garten leben und sich vermehren, wenn der Mensch auf **Pestizide verzichtet**.

Nun geht's los – Aufgaben für schlaue Köpfe!

1) **Kleine Gartenkunde** – Löse dieses Kreuzworträtsel! ★★

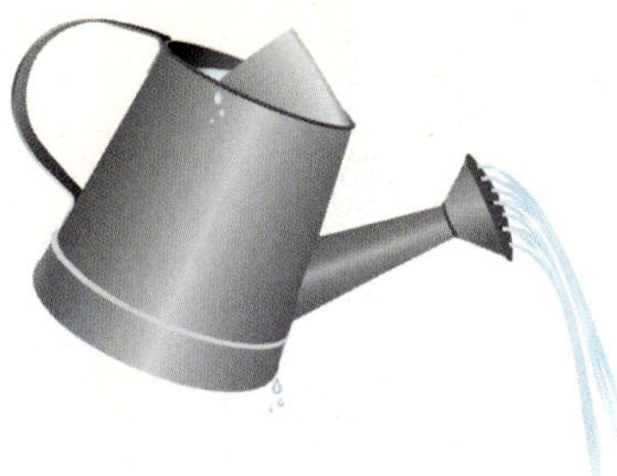

waagrecht:

4. Küchenkraut mit rosa / roten Blüten
6. Laufkäferart im Garten (2 Wörter)
7. Küchenkraut, das ähnlich wie Gras aussieht
8. Amphibium, das im Steinhaufen lebt
9. stangenförmiges Zwiebelgemüse
10. stacheliges Tier im Garten

senkrecht:

1. beinlose Eidechse
2. In ihr kann man Küchenkräuter platzsparend pflanzen.
3. Spinnenart im Garten
5. rundes Wurzelgemüse

2) **Kräuter auf der Fensterbank – Ein Keimversuch:** Führe diesen Versuch entweder zu Hause oder in der Schule durch! ★★

Versuchsvorbereitung: Besorge dir in einem Supermarkt oder in einer Gärtnerei Kressesamen!

Versuchsdurchführung: Halte dich an diese Schritte!

1. Gib Erde in einen Topf!
2. Streue Kressesamen auf und bedecke sie mit wenig Erde! Nimm nicht zu viele Samen!
3. Halte die Oberfläche feucht!

Ergebnis: In einigen Tagen kannst du die Kresse abschneiden und auf dein Butterbrot streuen.

Nun geht's los – Aufgaben für schlaue Köpfe!

3) Wer kocht in deiner Familie? **Frage ihn/sie, für welche Speisen er/sie die einzelnen Küchenkräuter verwendet!**

4) Hier sind einige Gartentipps durcheinandergeraten. Welche Sätze passen wirklich zusammen? **Trage die richtigen Tipps in die Tabelle ein!★★★★**

Tipp 1 ______________________________

____

Tipp 2 ______________________________

____

Tipp 3 ______________________________

____

Tipp 4 ______________________________

____

Tipp 5 ______________________________

____

5) **Fotorätsel** – **Wie heißt dieser Käfer und warum hat er diesen Namen? ★★**

Name: ______________________________

Begründung: ______________________________

____

____

____

____

Die Naturapotheke – eine kleine Heilkräuterkunde

Die Menschen kennen und nutzen die Heilkraft verschiedener Kräuter schon seit langer Zeit. Im Mittelalter erfolgte der Anbau, aber auch die Beschreibung und Anwendung von Heilpflanzen vor allem durch Mönche. Bis vor knapp 200 Jahren verwendeten die Menschen ausschließlich Heilmittel aus der Natur. Man sammelte Kräuter des Feldes und pflanzte Heilkräuter im eigenen Garten. Noch einmal zur Erinnerung: **Vom Sammeln der Heilkräuter, die in Hecken entlang von Feldern wachsen, ist auf Grund der Pestizidbelastung abzuraten! Für unsere Leser und Leserinnen bieten wir hier eine kleine Übersicht darüber, wie Heilkräuter wirken.**

SCHWARZER HOLUNDER

Vom **SCHWARZEN HOLUNDER**, der zur Familie der Holundergewächse gehört, verwendet man in der Medizin vor allem seine getrockneten Blüten. Als Tee getrunken, wirkt er sehr gut bei Erkältungskrankheiten, da er Sie zum Schwitzen bringt und schleimlösend wirkt.

SCHAFGARBE

Die **SCHAFGARBE** gehört zur Familie der Korbblütler oder Asterngewächse und wird bei Verdauungsbeschwerden angewendet. Die Schafgarbe hat eine krampflösende und entzündungshemmende Wirkung. Verwenden Sie ihre getrockneten oder ihre frischen Blüten. Sie können aus der Schafgarbe Tee oder einen Badezusatz herstellen.

SPITZWEGERICH

Der **SPITZWEGERICH** gehört zur Familie der Wegerichgewächse. Seinen Namen hat er von seinen langen spitzen Blättern. Sie können die Blätter des Spitzwegerichs bei Erkrankungen der Atemwege wie Husten verwenden. Aber auch bei kleinen Verletzungen der Haut oder Insektenstichen ist er ein gutes Heilmittel. Für die Zubereitung eines Tees verwenden Sie am besten seine getrockneten Blätter, die Sie mit heißem Wasser übergießen.

MELISSE

Die **MELISSE** gehört zur Familie der Lippenblütler. Sie hilft bei Magen- und Darmbeschwerden. Dem Melissentee schreibt man eine beruhigende aber auch entzündungshemmende Wirkung zu. Verwenden Sie die frischen oder getrockneten Laubblätter.

Ein Heckengenuss – Brombeermarmelade und Himbeermarmelade selbst gemacht!

Zutaten:
1kg Beeren,1kg Gelierzucker

Zubereitung:
Die Beeren werden gewaschen und püriert. Dann gibt man sie zusammen mit Gelierzucker in einen großen Kochtopf und erhitzt sie, wobei man häufig umrühren muss. Die Marmelade wird 6 bis 9 min gekocht und anschließend noch heiß in Gläser gefüllt. Zum Schluss die Gläser gut verschließen!

Fertig ist der Heckengenuss!

Acker-Hecke-Garten-REPORT

BODENNUTZUNG 2010 IN ÖSTERREICH

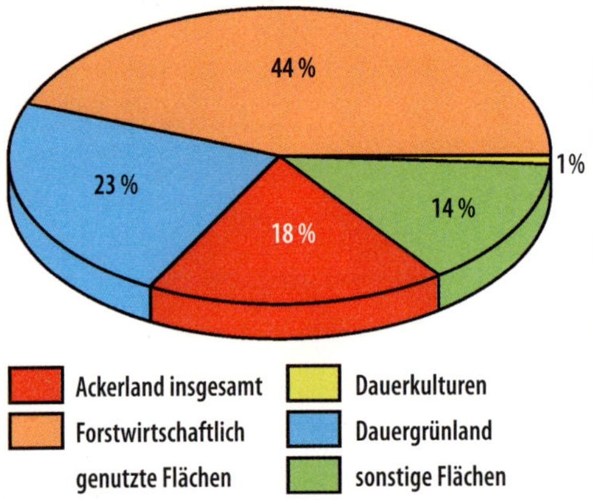

Dauerkulturen sind Kulturen (Felder, auf denen etwas angepflanzt wird), die mindestens 5 Jahre gleich bleiben.

Auf 61 % des Ackerlandes in Österreich wird Getreide angebaut. Insgesamt wurden im Jahr 2010 4,5 Millionen Tonnen Getreide geerntet. Davon waren 1,7 Millionen Brotgetreide und 2,8 Millionen Futtergetreide.

Eine Knolle – viele Namen

Der älteste Name für die Kartoffel ist „papa". Er stammt aus der Ketschuasprache der Inkas. Die Bezeichnung „papa" für die Kartoffel blieb bis heute aber nur im Spanischen erhalten. Die Engländer wiederum hatten früher Kolonien in der Karibik und lernten dort die Süßkartoffel kennen. Diese wurde von den Einheimischen „Batate" genannt. In England nannte man die Kartoffel im Volksmund schließlich „potato". In Österreich nennt man die Kartoffel auch Erdapfel. Auch im Französischen gibt es das Wort „pomme de terre", was so viel wie „Apfel der Erde" heißt.

Auf Grund der Form der Knolle nennt man die Kartoffel auch in vielen Sprachen „Grundbirne". So wird die Kartoffel z. B. in Vorarlberg auch „Grumpera" genannt und heißt im Bosnischen und Kroatischen „krumpir". In Italien verwendete man die Wörter „tartufo" oder „tartufolo" für den wertvollen Trüffelpilz. Da die Kartoffel auch unter der Erde wächst und der Trüffel im Aussehen ähnelt, wurde diese „Tartuffel" genannt. In Ländern, die diese Knolle aus Italien einführten, wurde der Ausdruck „Kartoffel" sehr bald gebräuchlich.

UMWELTPROBLEME DURCH MAISANBAU

In der Wachstumsphase verträgt die Maispflanze keine Wildkräuter neben sich und hat einen enorm hohen Mineralstoffbedarf. Durch den Einsatz von Herbiziden und den Einsatz von Mineraldünger, der von der Pflanze nicht zur Gänze verbraucht wird, wird das Grundwasser stark belastet.

MAN TRIFFT SIE ÜBERALL

Weltweit gibt es 13 000 Arten von Ohrwürmern. In Mitteleuropa gibt es 7 verschiedene Arten. Sie sind Allesfresser und vertilgen so manchen Schädling im Garten, auf dem Feld und in der Hecke.

Buchtipps

Jörg Grünwald, Christof Jäncke: Grüne Apotheke. Gräfe u. Unzer, München, 2004.

Frances Hodgson Burnett: Der geheime Garten. Arena Verlag GmbH, Würzburg, 2010.

Clive Nichols, Clare Matthews: Neue Gartenparadiese für Kinder. Mein schöner Garten. Franckh-Kosmos, Stuttgart, 2005.

Unglaublich, aber wahr!

- **Eine Naturwiese macht wesentlich weniger Arbeit als ein intensiv gepflegter Rasen. Gleichzeitig bietet sie gefährdeten Pflanzen und Tieren einen geeigneten Lebensraum.**
- **In Österreich kommen ca. 215 verschiedene Tagfalterarten vor. Ungefähr die Hälfte davon wird zu den gefährdeten Tieren gezählt.**
- **Alle heimischen Amphibien sind vom Aussterben bedroht!**

32. HAUSTIERE

Aus Wildtieren wurden Nutztiere

Alle unsere Nutztiere stammen von **Wildtieren** ab. Schon in der Jungsteinzeit hatten die Menschen gelernt, Wildtiere zu **zähmen** und zu **züchten**. Dies brachte ihnen viele Vorteile.

zähmen: bändigen; an den Menschen gewöhnen

züchten: bestimmte Tiere auswählen, die Nachkommen zeugen dürfen

Vom Zähmen zur Zucht

Vor vielen tausend Jahren gelang es dem Menschen, die Vorfahren unserer Nutztiere, die **Wildtiere**, zu **zähmen**. Dies gelang, indem die Menschen junge Tiere von ihren Artgenossen trennten und ihnen Futter gaben. Durch das **regelmäßige Füttern** gewöhnten sich die Tiere im Laufe der Zeit an die Menschen und wurden zahm.

Domestizierte Rinder in Ägypten

Auch heute gibt es **zahme Wildtiere**, die bei den Menschen leben. Werden diese Tiere erwachsen, können sie für den Menschen manchmal gefährlich werden.

So kommt es vor, dass zahme Rehböcke und Hirsche den Menschen für einen Rivalen halten und ihn angreifen. Grundsätzlich sollte man auf die Haltung von Wildtieren aber verzichten.

Ein junges Reh wird mit der Flasche aufgezogen.

Wer waren die ersten Nutztiere?
Rind: vor 15 000 Jahren / Vorderasien
Schaf: vor 10 000 Jahren / Vorderasien
Ziege: vor 10 000 Jahren / Vorderasien
Schwein: vor 9 000 Jahren / Vorderasien, China
Pferd: vor 5 500 Jahren / Südosteuropa
Gans: vor 4 500 Jahren / Ägypten
Huhn: vor 4 000 Jahren / Indien
Kaninchen: vor 1 500 Jahren / Frankreich

Das Zähmen war also eine wichtige Voraussetzung, um Wildtiere zu **domestizieren**. Das Wort Domestizieren leitet sich aus dem lateinischen Wort „domus" (Haus) ab und bedeutet, ein wildes Tier zum Haustier zu machen.

Die Menschen lernten aber auch Tiere zu **züchten**. Sie suchten für die Zucht die größten, stärksten und die friedlichsten Tiere aus und zwar in der Hoffnung, Jungtiere mit ähnlichen Eigenschaften zu bekommen.

Kühe, die viel Milch gaben, Schweine, die viel Fleisch hatten, aber auch Schafe, die viel Wolle gaben, waren für die Menschen wertvolle Tiere. Tiere, die diese Voraussetzungen erfüllten, durften Junge bekommen. Mit ihnen wurde gezüchtet. Die Menschen **züchteten** also ihre Haustiere so, dass sie selbst davon den größten **Nutzen** hatten und bis heute haben.

Durch das **Domestizieren** wurden Wildtiere zu Haustieren. Manche Haustiere werden als Nutztiere gehalten, andere als Heimtiere.

Versuche herauszufinden, wer die Vorfahren der oben genannten Haustiere waren! Überlege dabei Folgendes: Lebten die wilden Vorfahren alleine? Wovon ernährten sie sich?

Wer waren die ersten Heimtiere?
Haushund: vor 14 000 Jahren / Europa
Katze: vor 4 500 Jahren / Ägypten

Aus Wildtieren wurden auch Heimtiere

Wie du bereits in der ersten Klasse gelernt hast, stammen der **Hund** vom **Wolf** und die **Katze** von der **Ägyptischen Falbkatze** ab. Ursprünglich hatten auch Hunde und Katzen Aufgaben für den Menschen zu erfüllen. So wurden Hunde zum Schutz der Wohnstätten und zur Jagd eingesetzt, während Katzen Mäuse fingen und so verhinderten, dass diese die Nahrungsvorräte der Menschen fraßen. Aber auch andere Tiere wurden im Laufe der Zeit zu Heimtieren.

Meerschweinchenarten

Wasserschwein:
130 cm lang / 80 kg schwer

Großer Pampashase:
70 cm lang / 8 kg schwer

Das Meerschweinchen

Die Familie der Meerschweinchen gehört zur Ordnung der **Nagetiere**. Ihre eigentliche **Heimat** ist **Südamerika**. Die einzelnen Meerschweinchenarten unterscheiden sich sehr in ihrem Aussehen. Ihre Körperlänge kann zwischen 20 und 130 cm betragen. Sie können von 100 g (Zwergmeerschweinchen) bis 80 kg (Capybara oder Wasserschwein) schwer sein. Je nach Art besiedeln sie flache Grasländer aber auch Gebirgsregionen von über 4 000 m Höhe.

Hausmeerschweinchen

Das **Hausmeerschweinchen** ist die domestizierte Form. Weil es genügsam und gutmütig ist, wird es gerne als Haustier gehalten. Das Hausmeerschweinchen säubert sein Fell häufig und riecht nicht unangenehm. Zweimal in der Woche muss der Käfig gereinigt und die Streu erneuert werden. Das Hausmeerschweinchen ist ein **Pflanzenfresser**. Es frisst Früchte, Blätter und Samen. Im Gegensatz zum Hamster lebt es **tagaktiv**, d. h. es ist am Tag wach, frisst usw.

Der deutsche Name „Meerschweinchen" leitet sich vermutlich daher ab, dass spanische Seefahrer diese Tiere erstmals über das Meer nach Europa brachten und ihr Quieken an Schweine erinnert.

Ziervogel: Vogel, der im Käfig gehalten wird

Der Wellensittich

Wellensittiche sollte man nie einzeln, sondern immer zu zweit halten. Ist das nicht möglich, muss man sich sehr viel mit dem Tier beschäftigen. Überlege: Warum ist das so?

Wellensittiche sind **beliebte Heimtiere**. Manche dieser Vögel entwickeln sogar die Fähigkeit, Wörter nachzusprechen. Wellensittiche gehören zur **Familie der Papageien** und stammen aus den **Grassteppen Australiens**, wo sie in großen Schwärmen leben.

In Europa werden sie seit 1840 als **Ziervögel** gehalten. Bereits in der zweiten Hälfte des 19. Jh. wurden sie in großer Zahl gezüchtet.

Wellensittich

Aus **Wildtieren** wurden durch das **Zähmen** und das **Züchten** Haustiere. Menschen züchten Tiere, die ihnen einen **Nutzen** bringen. Auch Heimtiere werden gezüchtet. **Menschen haben die Pflicht, mit ihren Haustieren verantwortungsvoll umzugehen.**

Heimtierhaltung

Heute sind die meisten Heimtiere dazu da, uns Gesellschaft zu leisten. Wir haben sie gern, ohne von ihnen besonderen Nutzen zu erwarten.

Heimtiere sind vom Menschen abhängig und darauf angewiesen, dass sie gefüttert und gepflegt werden. Sie sind kein Spielzeug, das man weglegen kann, wenn man es nicht mehr will. Wenn du ein Haustier hast oder haben möchtest, musst du dir dieser Verantwortung bewusst sein.

Nun geht's los – Aufgaben für schlaue Köpfe!

1) **Vom wilden Tier zum Nutztier** – Wann gab es wo die ersten Nutztiere? **Trage die fehlenden Daten ein!**
Tipp: Die Landkarte hilft dir dabei! ★★★★

Tier	Wo?	Wann?
Kaninchen		vor ____________ Jahren
Ziege		vor ____________ Jahren
		vor 15 000 Jahren
Schaf	Vorderasien	vor ____________ Jahren
	Vorderasien, China	vor ____________ Jahren
		vor 4 000 Jahren
	Ägypten	vor ____________ Jahren
		vor 5 500 Jahren

2) **Für Biologen und Biologinnen** – **Setze 3 Begriffe zum Thema „Wie wurden Wildtiere zu Haustieren" aus den Silben zusammen! Dann erkläre sie in deinem Heft!** ★★

ZÄH-
-ZIE-
-MEN
DO-
-TEN
-MES-
-REN
-TI-
ZÜCH-

Begriff

Nun geht's los – Aufgaben für schlaue Köpfe!

3) Aysel, Oktay, Lisa und Sarah erzählen über ihre Heimtiere! Um es spannend zu machen, verraten sie dir nicht, um welches Tier es sich handelt. **Finde es selbst heraus und beschreibe auch kurz in Stichworten eine Besonderheit dieser Tiere!★★★**

Aysel: Laila hat einen besonders gut ausgeprägten Gehör- und Geruchssinn. Sie kann Frequenzen bis zu 100 000 Hz hören. Ihr Geruchssinn ist wesentlich besser als der des Menschen. So kann sie bis zu 300-mal in der Minute einatmen, um Ihre Riechzellen mit Geruchspartikeln zu versorgen.

Oktay: Flurry und Jolly lasse ich einmal täglich frei laufen. Sie haben nicht so wie wir drei Typen von Lichtsinneszellen, sondern nur zwei. Sie sind also farbenblind und können rot und grün nicht voneinander unterscheiden. Hinter jedem Nagezahn im Oberkiefer befindet sich ein Stiftzahn, der beim Nagen vor Verletzungen im Oberkiefer schützt.

Lisa: Freddy schläft bis zu 18 Stunden am Tag. Er ist ein Fleischfresser und seine Artgenossen werden auch für die Kaninchenjagd verwendet. Wenn er nicht kastriert wäre, würde er unangenehm riechen.

Sahra: Billy und Flora sind noch sehr jung. Daher fehlen ihnen noch die schwarzen Flecken an der Kehle. Sie haben ein besonderes Sozialverhalten und putzen und füttern einander. Ich bemühe mich gerade, ihnen das Sprechen beizubringen.

Name	Tier	eine Besonderheit
Freddy		
Laila		
Flurry & Jolly		
Billy & Flora		

4) **Wildtier oder Haustier? Suche aus dieser Wortschlange jene 10 Tiere heraus, die Wildtiere sind und daher nicht als Haustiere gehalten werden sollen! ★★**

**FDWKLREHTLHJWEDFUCHSHWSAIJKATZELWMBDZWERGKANINCHENVGSDQSTARNBVY
XCBEICHHÖRNCHENZTLJKZOGOLDHAMSTERUQYDSOPLRINGELNATTERNQPFLKJOIIGEL
MWBERUWELLENSITTICHZWTLAUBFROSCHUYGDGUPPYHWTMDILHERMELINGOIUTEHU
NDQLLTEDWASCHBÄRGSDKLDDWOLFOTEWE**

WILDTIERE: ______________________________

____

5) **Gib an, warum du kein Wildtier halten sollst! ★★**

____

33. NUTZTIERHALTUNG

Unterschiedliche Haltungsformen bei Hühnern

Es gibt drei Arten der Hühnerhaltung: **Freiland-**, **Boden-** und **Käfighaltung**.

Freilandhaltung

Dies ist die **artgerechteste Haltung**. Die Hühner leben auf einem Hühnerhof und können im Freien herumlaufen. Für die Hühner ist genügend Platz vorhanden, um zu laufen, zu scharren sowie Körner, Insekten und Würmer zu picken. Die Hühner können im Sand baden, um ihr Gefieder zu reinigen. Sie brauchen aber trotzdem einen **Hühnerstall**. Dort schlafen sie und bauen Nester, in die sie ihre Eier legen.

Bodenhaltung

Bei dieser Haltungsform sind die Hühner in einer großen Halle **mit vielen** anderen Hühnern zusammen **eingesperrt**. Sie können zwar laufen und scharren, sehen aber **nie** das **Tageslicht** und kommen nie ins Freie. Da sie auch mit Kot in Körperkontakt kommen, können sich Parasiten leichter ausbreiten. Auch die Staubbelastung ist bei der Bodenhaltung relativ hoch.

Hühner in Freilandhaltung

Hühner in Bodenhaltung

Käfighaltung

Hier leben die Tiere **auf engstem Raum eingesperrt**. Die Käfige sind übereinander gestapelt, manchmal bis zu 10 Stockwerke hoch. Jede einzelne Henne hat weniger Platz als diese Buchseite groß ist. Sie können sich kaum bewegen, verletzen sich selbst und sterben oft einen qualvollen Tod. Der **Bau von Legebatterien** ist in **Österreich** seit **1. Jänner 2009 verboten**.

Bereits seit 2007 werden in österreichischen Supermärkten keine Eier aus Käfighaltung mehr angeboten. Doch da die Käfighaltung in einigen anderen **EU Ländern** erlaubt ist, werden diese billigen Eier auch nach Österreich geliefert und in manchen Bäckereien, Hotels, Restaurants und bei der Nudelherstellung verwendet. Bei einigen Produkten wie Nudeln und Majonäse ist jedoch vermerkt, dass die verwendeten Eier aus Freiland- oder Bodenhaltung stammen.

Hühner in Käfighaltung

Im Buch der 1. Klasse kannst du über die folgenden Nutztiere nachlesen und wiederholen, was du bereits über sie gelernt hast!

artgerecht: wie ein Tier in freier Natur leben würde

Huhn beim Sandbaden

Was nutzen wir alles vom Huhn?
Fleisch
Eier: sind auch als Zutaten in verschiedenen Produkten zu finden wie Nudeln, Kuchen usw.

Warum sind 10 Stockwerke in Legebatterien schlecht für die Hühner? Welche Verhaltensweisen können sie im engen Käfig nicht ausführen?

Weißt du noch: Welche Haltungsform bezeichnen die Ziffern 0, 1, 2 und 3 auf den Eiern?

Gehe in einen Supermarkt und suche 10 Produkte, auf denen angegeben ist, aus welcher Haltungsform die verwendeten Eier stammen!

Überlege: Wie können Konsument/innen beim Fleischkauf die Tierhaltung beeinflussen?

Unterschiedliche Haltungsformen bei Rindern

Auch bei den Rindern gibt es unterschiedliche Haltungsformen wie Freiland-, Stall- und Anbindehaltung.

Freilandhaltung

Fleckvieh auf der Weide

Grauvieh auf der Alm

Tränke: Stelle, an der die Tiere trinken können

Alm: Gebirgswiese

Kühe im Laufstall

Was nutzen wir alles vom Rind?
Milch: Trinkmilch, Rahm, Butter, Käse, Jogurt, Topfen
Muskeln: Fleisch und Wurst
Haut: Leder für Hüte, Taschen, Schuhe, Jacken
Horn: Kämme, Knöpfe, Hornspäne
Fett: Seife, Speisefett, Kerzen, medizinische Grundstoffe
Harn und Kot: natürlicher Dünger

Die **artgerechteste Rinderhaltung** ist die **Freilandhaltung**. Wie du schon in der 1. Klasse gelernt hast, sind Rinder Herdentiere. Daher ist der Kontakt zu ihren Artgenossen wichtig. Als Pflanzenfresser brauchen sie sehr viel und ausschließlich pflanzliche Nahrung.

Auf großen **Weideflächen** fressen sie Grünfutter, das sie in Ruhephasen, auf der **Weide** liegend, wiederkäuen. Aufgestellte **Tränken** versorgen die Tiere mit Wasser. Zum Melken werden sie aber in den Stall getrieben.

In **Österreich** werden viele Rinder auf **Almen** gehalten. Sie bleiben dort von **Juni** bis **September**. Im Herbst werden sie von den Almen herab und **in die Ställe** getrieben, wo sie den **Winter** über bleiben.

Stallhaltung

Werden die Tiere in einem **Laufstall** gehalten, können sie sich in Boxen frei bewegen und haben **Kontakt** zu ihren Artgenossen. Doch die selbständige Futtersuche ist ihnen nicht möglich. Oft werden den Tieren auch die Hörner abgeschnitten, damit sie sich nicht gegenseitig verletzen. Eine Sonderform des Laufstalls ist der **Freilaufstall**, bei dem die Rinder jederzeit den Stall verlassen und auf die Weide gehen können.

Anbindehaltung

Die Anbindehaltung ist die häufigste Art der Rinderhaltung in Österreich. Sie ist **nicht artgerecht**. Die **Rinder** sind **angekettet** und stehen **auf engem Raum** beisammen, sodass sie keine Bewegungsfreiheit haben. Seit 2012 schreibt das Gesetz verpflichtend vor, dass Rinder für einen bestimmten Zeitraum Auslauf haben müssen. Für die Tiere stellen diese Forderungen eine Verbesserung in der Haltung dar. Für die Bauern und Bäuerinnen ist dies mit einem größeren Arbeitsaufwand und auch mit finanziellem Aufwand verbunden, da die Stallungen zumeist umgebaut werden müssen, um den gesetzlichen Anforderungen zu entsprechen.

Anbindehaltung

Kälbermast

Das **Mästen** der Kälber dient ausschließlich der **schnellen und billigen Fleischproduktion**. Bald nach der Geburt wird das Kalb von der Mutter getrennt und in einem Stall gehalten. Dieser wird belüftet und mit künstlichem Licht beleuchtet. Es wird auch ständig für eine gleichmäßige Raumtemperatur gesorgt. Die Kälber sollen sich möglichst wenig bewegen, damit sie nicht unnötig Gewicht verlieren. Spezielles Futter soll schnelleres Wachstum und zartes Kalbfleisch garantieren. **Auf die Bedürfnisse des Tieres** (ständiger Kontakt zur Mutter, Muttermilch trinken, Kontakt zu anderen Jungtieren, Bewegung in der freien Natur) wird hierbei **keine Rücksicht** genommen. Nach nur 5 Monaten erreichen die Kälber ein Gewicht von 200 kg und können geschlachtet werden.

mästen: Tiere sehr reichlich füttern, damit sie möglichst schnell an Gewicht zunehmen und man sie schlachten kann

Produktion: Herstellung

Überlege, warum künstliches Licht bei der Kälbermast eingesetzt wird! Bedenke dabei, dass man das Licht lange brennen lassen kann!

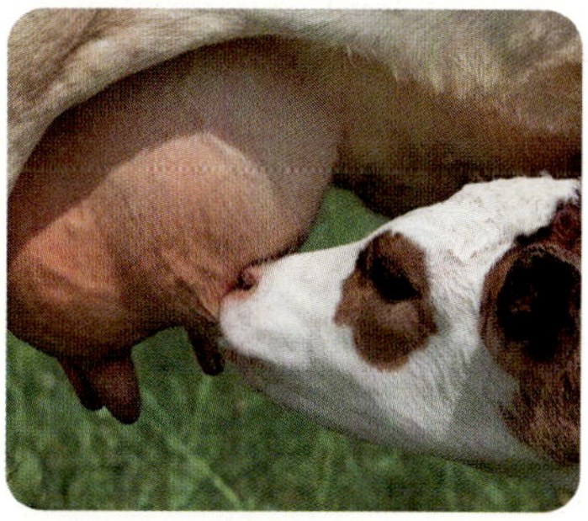

Kalb beim Trinken

Mutterkuhhaltung

Im Gegensatz zur Kälbermast bleiben die **Kälber** ständig **bei der Mutter**, trinken Milch und haben Kontakt zu anderen Jungtieren. Diese Form der Haltung entspricht den Bedürfnissen der Jungtiere. Man spricht hierbei von einer **natürlichen Aufzucht** der Jungtiere. Das **Fleisch** dieser Kälber ist **teurer** als das Fleisch aus der Kälbermast.

Mutterkuh mit Kalb

Biobauern und Biobäuerinnen halten ihre Kälber in Mutterkuhhaltung. Wir können diese Form der Tierhaltung unterstützen, indem wir dieses Kalbfleisch kaufen.

Was nutzen wir alles vom Schaf?
Milch: Trinkmilch, Käse, Jogurt, Schafmolke für Kosmetika
Muskeln: Fleisch und Wurst
Darm: Bespannung von Musikinstrumenten
Wollwachs: Seife, Hautcreme

Unterschiedliche Haltungsformen bei Schafen

Bei der Schafzucht gibt es ebenfalls 3 Formen der Haltung: **Weide-**, **Alm-** und **Hütehaltung**.

Weidehaltung

Schafe sind genauso wie Rinder Herdentiere, Pflanzenfresser und Wiederkäuer. Die Weidehaltung ist daher auch für sie eine **artgerechte Form** der Tierhaltung. Auf der Weide finden sie genügend **Grünfutter**, haben ausreichend **Bewegung** und **Kontakt** zu **Artgenossen**.

Schafe auf der Weide

Wollwachs: Hautsekret des Schafes, das beim Waschen von Schafwolle gewonnen wird

Almhaltung

In alpinen Regionen Österreichs werden die Schafe im **Sommer** auf die **Alm** getrieben. Erst im Herbst treibt man sie in den Stall zurück.

Hütehaltung

Bei dieser Form der Schafhaltung zieht ein **Schäfer mit den Tieren** von einer Weidefläche zur nächsten. Dies ist in Österreich nicht üblich, in anderen Ländern wie in Frankreich oder in England findet man aber auch heute noch Schäfer, die mit ihren Herden umherziehen.

Schäfer mit Schafen

Lies über die Folgen der intensiven Nutztierhaltung im Report!
Überlege, welche Folgen sich daraus für die menschliche Gesundheit ergeben!

Was nutzen wir alles vom Schwein?
Muskeln: Fleisch und Wurst
Haut: Leder
Borsten: Pinsel, Bürsten
Fett: Speisefett, Schmalz
Harn und Kot: natürlicher Dünger

Ungeziefer: kleine lästige und unerwünschte Tiere, meist Insekten oder Milben

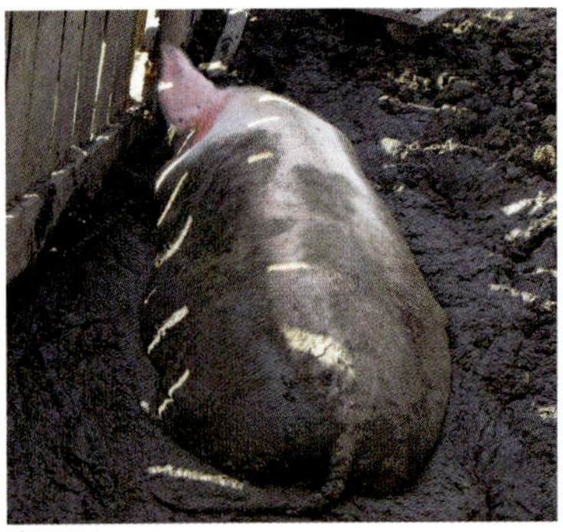

Hausschwein beim Suhlen

Spaltenboden: Boden aus Holzbrettern oder aus Metallstäben mit Spalten dazwischen

Stress: sehr hohe seelische oder körperliche Belastung, die zu Krankheiten führen kann

Jede Tierart hat **bestimmte Ansprüche** an ihren Lebensraum, die bei artgerechter Haltung berücksichtigt werden. Tiere, die **artgerecht** gehalten werden, haben **weniger Stress** und sind **gesünder**.

Unterschiedliche Haltungsformen bei Schweinen

Wildschweine

Hausschweine

Wie du schon weißt, stammen unsere Hausschweine von Wildschweinen ab. Wildschweine wühlen im Boden und suchen dort nach Nahrung wie Wurzeln, Knollen oder Bodentieren. Sie brauchen **viel Bewegung**. Da Wildschweine im Rudel leben, gibt es **Kontakt zu Artgenossen** und eine Rangordnung. Wildschweine reinigen sich durch Kratzen. Sie suhlen sich im Schlamm, d. h. sie wälzen sich im Schlamm und kühlen sich dabei ab. Ist der Schlamm auf ihrer Haut getrocknet, wird er durch Kratzen entfernt. Schmutz und **Ungeziefer** werden so abgestreift. Genau diese Verhaltensweisen zeigen auch Hausschweine.

Freilandhaltung

Hausschweine haben dieselben Bedürfnisse wie Wildschweine. Bei der **Freilandhaltung** gibt man ihnen Auslauf und sie können fast so leben wie ihre wild lebenden Verwandten.

Im Freien lebende Schweine verwenden täglich auch viel Zeit für den Bau eines Schlafnestes.

Schweine in Freilandhaltung

Haltung im Laufstall

Werden Schweine in Gruppen im Laufstall gehalten, können sie sich frei bewegen und haben Kontakt zu den Artgenossen. Alle anderen Bedürfnisse werden aber nicht abgedeckt.

Intensivhaltung

Diese Haltungsform dient ausschließlich der billigen Fleischproduktion und ist nicht artgerecht. Die Tiere stehen auf einem **Spaltenboden**, damit Harn, Kot und das Wasser, mit dem der Boden gereinigt wird, abfließen können. Sie leiden unter dem Gestank, da sie einen gut ausgebildeten Geruchssinn besitzen. Ebenso erzeugt der Bewegungsmangel **Stress**. Das Futter wird als Brei angeboten, sodass die Tiere nicht kauen können. Aus diesem Grund beißen sie einander Ohren und Schwänze ab.

Intensivhaltung

Auch Krankheiten sind eine große Bedrohung für diese Schweine, da sie in den engen Ställen leicht übertragen werden können. Die Intensivhaltung ist die in Österreich am weitesten verbreitete Haltungsform.

Nun geht's los – Aufgaben für schlaue Köpfe!

1) **Was passt zu den Fotos?** Notiere bei jedem Foto die Buchstaben der passenden Sätze! Diese Buchstaben ergeben richtig geordnet die jeweilige Überschrift! ★★★

________________haltung

Buchstaben:

________________haltung

Buchstaben:

________________haltung

Buchstaben:

I	Oft picken und verletzen sie einander.
EI	Sie scharren im Boden.
E	Ihr Futter finden sie in großen Futter- und Wasserschüsseln.
A	Um ihr Gefieder zu reinigen, baden sie im Sand.
G	Die Käfige sind übereinander gestapelt.
K	Sie werden mit einem speziellen Futter gefüttert, damit sie schneller wachsen.
L	Sie picken Insekten, Würmer und Samen auf.
N	Die Hühner laufen auf dem Hof herum.
F	Sie sind auf engstem Raum eingesperrt und müssen auf einem Drahtgitter stehen.
D	Die Hallen haben keine Fenster.
Ä	Die Hühner leben im Käfig.
B	Die Hühner stehen auf festem Boden.
O	Die riesigen Hallen sind oft nur mit elektrischem Licht beleuchtet.
FR	Sie werden artgerecht gehalten.
D	Sie schlafen im Hühnerstall und bauen dort ihre Nester.
N	Diese Haltung ist artgerechter als die Käfighaltung.

2) **Roh oder gekocht?** Finde heraus, wie man ein gekochtes Ei von einem rohen Ei unterscheiden kann, indem du ein gekochtes und ein rohes Ei drehst!

Schreibe dann die Beobachtung in dein Heft! Findest du eine Begründung für deine Beobachtung? ★★★

Nun geht's los – Aufgaben für schlaue Köpfe!

3) **Betrachte zuerst diese beiden Fotos! Notiere dann, wie die Schweine gehalten werden und welche Vor-/Nachteile für Tier und Landwirt/in diese Haltungsform jeweils aufweist!★★★**

Haltung: ______________________

Vorteile für den/die Landwirt/in:

____

____

Nachteile für das Tier:

____

____

____

____

Haltung: ______________________

Vorteile für das Tier:

____

____

Nachteile für den/die Landwirt/in:

____

____

____

____

4) Von welchem Tier stammen diese Produkte? **Schreibe den Namen in die Mitte!★**

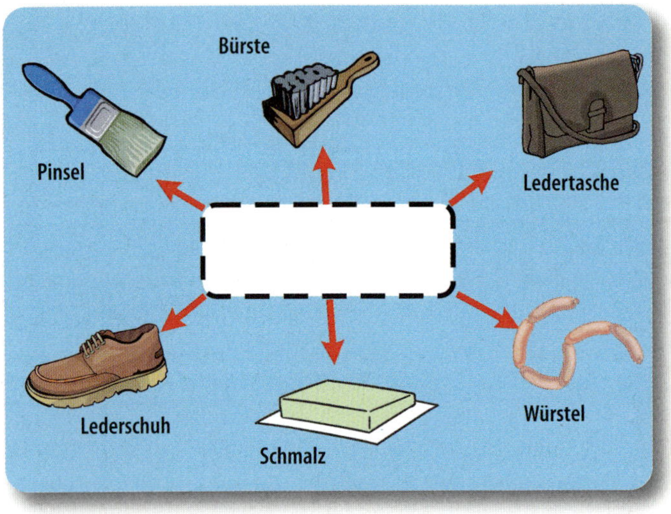

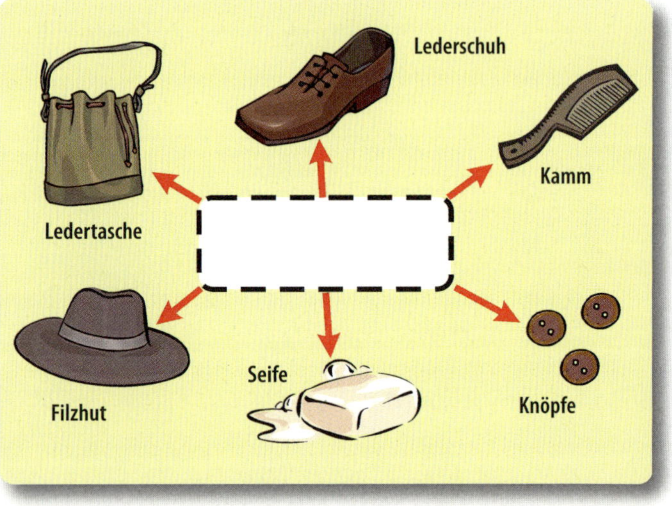

5) Wie können Konsumenten auf die Tierhaltung Einfluss nehmen? **Besprich dies zuerst mit deinem Sitznachbarn/deiner Sitznachbarin! Dann notiert gemeinsam auf einen Zettel 3 Möglichkeiten! Überlegt auch, warum Konsumenten ihren Einfluss häufig nicht nützen! ★★★**

NUTZTIER REPORT

ÖSTERREICHISCHE QUALITÄT DURCH FLEISCHKONTROLLE

Das österreichische Lebensmittelgesetz bestimmt, dass Fleisch, das zum Verkaufen bestimmt ist, von einem Tierarzt untersucht werden muss. Dieser achtet auf Krankheiten des Tieres, schädliche Substanzen und Parasiten. Eigene Gütesiegel geben bei verpacktem Fleisch oder bei Wurstwaren an, dass diese von Tieren stammen, die in Österreich geboren, gehalten und geschlachtet wurden.

BIOFLEISCH IN ÖSTERREICH

Die österreichischen Biobauern garantieren hervorragende österreichische Bio-Fleischqualität durch

- nachhaltige artgerechte Tierhaltung
- schonenden Umgang mit den Tieren
- stressfreie Schlachtung
- kurze Transportwege
- gentechnikfreie Produkte

Zahlen und Fakten – Nutztiere in Österreich

Wie viele Schlachtungen gibt es in Österreich pro Jahr?
In jeder Minute werden 130 Großtiere geschlachtet und verarbeitet.
Zusätzlich werden jährlich 21 000 000 Eintagsküken getötet. Dies sind männliche Kücken, die als „wertlos" eigestuft werden, weil sie keine Eier legen.

Fleischverzehr in Österreich pro Person & Jahr:

- 55 kg Fleisch von Schweinen
- 20 kg Fleisch von Rindern (inklusive Kälber)
- 16 kg Fleisch von Vögeln („Geflügel")
- 3 kg Fleisch von Pferden, Kaninchen, Schafen und Wildtieren
- 6 kg Fisch

In Österreich stieg der Fleischkonsum seit 1960 um 57 %. Damit gehört Österreich nach den USA, Spanien und Australien zu den größten Fleischkonsumenten der Welt.

GLÜCKLICHE TIERE – GLÜCKLICHE MENSCHEN

Ein von der EU gefördertes Projekt :

MANGALIZASCHWEIN im NATIONALPARK

In Podersdorf am See (Burgenland) wird versucht, das Mangalizaschwein, eine gefährdete alte Haustierrasse, zu erhalten. Das Mangaliza hat eine schwarze Wollbehaarung, die es vor Kälte aber auch vor Hitze schützt, sodass es das ganze Jahr im Freien verbringen kann. Die Tiere leben stressfrei in Gruppen, schlafen in Nestern und haben ausreichenden Bewegungsraum. Ihre Ferkel sind wie Wildschweinfrischlinge gestreift.

Wühlen – Beitrag zur Artenvielfalt!

Durch das Wühlen bereiten Schweine für seltene Gräser und Pflanzen den Boden auf, sodass die Samen keimen können.

VIER PFOTEN

Hier handelt es sich um eine österreichische Tierschutzorganisation. Der Verein wurde 1988 in Wien gegründet, wo sich auch heute noch die Zentrale befindet. Zusätzlich werden Länderbüros in Deutschland, Bulgarien, England, den Niederlanden, Rumänien, der Schweiz, Südafrika, Ungarn und den USA betrieben. Vier Pfoten setzt sich für die artgerechte Haltung von Tieren ein. In den letzten Jahren kümmern sich die Mitarbeiter von Vier Pfoten auch um Tiere in Katastrophengebieten wie in Ungarn nach einem Chemieunfall im Oktober 2010.

Zum Nachdenken: Die Lebenserwartung von Tieren

	Natürliche Lebenserwartung	Als Nutztier geschlachtet nach:
Schwein	15 Jahre	6 Monaten
Masthuhn	15 – 20 Jahre	6 Wochen
Legehuhn	15 – 20 Jahre	1 Jahr
Mastrind	20 Jahre	6 – 9 Monaten
Milchkuh	20 Jahre	5 - 10 Jahren

NUTZTIER REPORT

Viel – mehr – am meisten! …Was bedeutet das für uns?

Die Massentierhaltung entstand in den Jahren vor dem Zweiten Weltkrieg. Sie nahm in den USA ihren Anfang und kam über England nach Europa. Die ersten Tiere, die so gehalten wurden, waren Hühner. Möglich wurde die Massentierhaltung durch neue Erkenntnisse in Biologie und Medizin. So fanden Wissenschaftler heraus, dass man die Tiere auch ohne Sonnenlicht und Auslauf halten kann, wenn man Vitamin A und D dem Futter beimengt. Die Tiere in der Massentierhaltung müssen ständig von einem Tierarzt betreut und vorsorglich mit Antibiotika behandelt werden, damit sich keine Krankheiten ausbreiten. So wird etwa die Hälfte der Weltproduktion an Antibiotika für die Massentierhaltung verwendet. Trotzdem breiten sich in der Intensivtierhaltung Krankheiten wie Maul- und Klauenseuche oder BSE rasch aus. Mit dem Fleischkonsum verzehrt der Mensch auch Spuren dieser Medikamente. Da dies nicht gesund ist, sollte Fleisch aus Massentierhaltung vermieden werden.

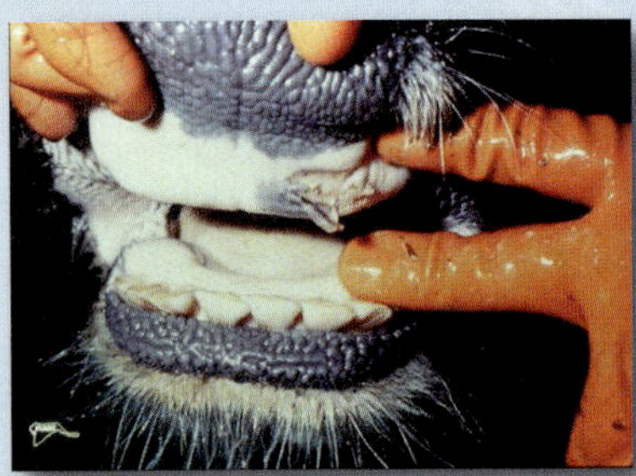

DIE MAUL- UND KLAUENSEUCHE IST ZURÜCK

Diese gefährliche Seuche, die in der Massentierhaltung vor allem Schweine, Rinder und andere Paarhufer befällt, brach zuletzt 2007 in England aus und tötete viele Tiere. Im Dezember 2010 wurde die Krankheit bei einem in Bulgarien erlegten Wildschwein festgestellt. Die EU erließ daraufhin Beschränkungen für den Handel mit lebenden Tieren und Tierprodukten in Bulgarien. Bei dieser gefährlichen Erkrankung bekommen die Tiere Bläschen im Maul, magern ab und sterben.

„Die Größe und den moralischen Fortschritt einer Nation kann man daran messen, wie sie die Tiere behandelt.“ (Mahatma Gandhi)

Unglaublich, aber wahr!

- **Nutztiere, die innerhalb Europas transportiert werden, müssen bis zu 24 Stunden Hitze, Durst und Stress ertragen, bevor der Fahrer eines Tiertransportes eine Pause einlegen muss.**
- **Rinder dürfen dabei in 2-stöckigen, Schafe und Kälber in 3-stöckigen und Jungtiere wie Lämmer und Ferkel in 5-stöckigen Lastwägen befördert werden. Für Hühner sind sogar noch mehr Stockwerke erlaubt.**

DIE MORAL ENDET BEIM TIER

BSE ist eine sehr ansteckende und tödliche Erkrankung des Gehirns und des Rückenmarks. Die ersten Fälle traten 1985 in England auf. Bis in die 1990er Jahre war es in der Massentierhaltung üblich, Pflanzenfresser wie das Rind mit den zu Tiermehl verarbeiteten Körpern anderer Tiere zu füttern. Da aber bei der Herstellung von Tiermehl erkrankte Tiere verarbeitet wurden, kam es zu einer Übertragung der Erreger durch das Tiermehl auf viele andere Tiere. Man vermutet, dass diese Krankheit auch auf Menschen übertragen werden kann und dort als Creutzfeld-Jakob-Krankheit – eine tödliche Gehirnerkrankung – auftritt. In Österreich ist das Verfüttern von Tiermehl seit 1990, in der EU seit 1994 verboten.

Buchtipps

Hans Hinrich Sambraus: Farbatlas – Seltene Nutztiere. Ulmer Eugen Verlag, Stuttgart, 2010.

Staunen, Wissen – Landwirtschaft: Von Nutztieren und Maschinen, vom Säen und Ernten. Gerstenberg, Gebr. Verlag, Hildesheim, 2003.

Veronika Straass: Willi wills wissen – 29. Katzen, Hunde und andere Haustiere, Bastei Lübbe, Köln 2011.

Auf diesen beiden Seiten findest du viele Anregungen, um selbst zu forschen. Viel Vergnügen dabei!

Regenwurmfarm

Was du alles brauchst: Gurkenglas, Sand, Erde, 5 Regenwürmer, trockenes Laub

Wie musst du vorgehen?

1. Gib in das Gurkenglas abwechselnd feuchten Sand und Erde! Darauf legst du die Regenwürmer und bedeckst sie vorsichtig mit trockenem Laub. Achte darauf, dass noch etwas Platz im Glas bleibt! Den Deckel legst du nur lose auf das Glas.

2. Lüfte täglich, indem du den Deckel kurz anhebst! Wichtig ist, dass du das Glas an einem dunklen Ort aufbewahrst. Beobachte die Tiere und mache dir Notizen!

Der Boden lebt

Was du alles brauchst: Lampe, Trichter, Sieb, Gurkenglas, flache Glasschale, Lupe

Wie musst du vorgehen?

Du brauchst zuerst einmal verschiedene Bodenproben. Dann steckst du den Trichter in das Glas, füllst lockere Erde, am besten aus der obersten Schicht des Bodens, in das Sieb und hängst es in den Trichter. Anschließend stellst du für eine halbe Stunde eine Lampe darüber. Die kleinen Bodentiere flüchten vor dem Licht, krabbeln nach unten und fallen durch den Trichter in das Gurkenglas. Nun gib die Tiere vorsichtig in die flache Schale und beobachte sie mit der Lupe!

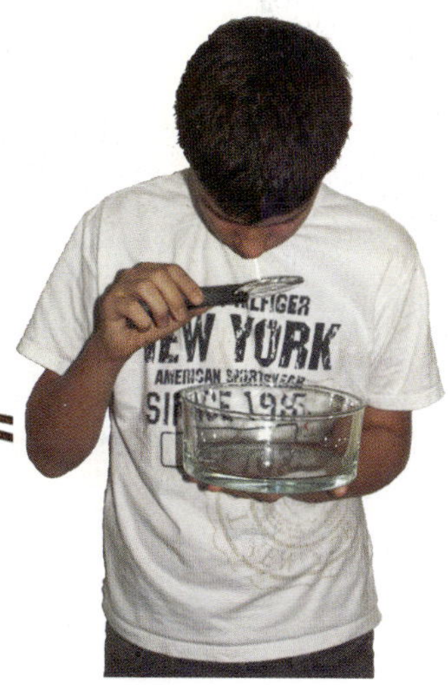

Abdrücke und Steinkerne herstellen

Was du alles brauchst: verschiedene Muschelschalen, Schneckenhäuser, Fettcreme, Gips, Wasser, ein Gefäß

Wie musst du vorgehen?

ABDRUCK: Rühre den Gips in einem Gefäß an, sodass du eine zähe Masse bekommst! Fette die Muschelschalen ein, bevor du sie in den Gips drückst, dann kannst du sie später wieder entfernen! So erhältst du Gipsabdrücke von Muscheln.

STEINKERN: Einen Steinkern erhältst du, wenn du ein Schneckenhaus oder eine Muschelschale mit Gips ausfüllst. Du lässt den Gips trocknen und entfernst dann die Schale. Fertig ist der Steinkern!

Zum Schluss kannst du deine Abdrücke oder deine Steinkerne auch bemalen.

Zuckersirup aus der Rübe

Was du alles brauchst: eine Zuckerrübe, Messer, Topf, Wasser, Reibe, Sieb

Wie musst du vorgehen?

Schäle die Rübe, wasche sie und rasple kleine Rübenschnitzel!
Die Rübenschnitzel gib in einen Topf und gieße Wasser dazu!
Nun wird das Wasser mit den Rübenschnitzeln einige Minuten lang gekocht. Den heißen Brei gieße durch ein Sieb und lasse den Saft weiter kochen, bis ein dicker Zuckerbrei entsteht! Diesen kannst du zum Süßen von Speisen verwenden.

Licht ist Leben

Was du alles brauchst: eine Holzplatte, ein dichtes und kurz gemähtes Stück Rasen, ein Trinkglas

Wie musst du vorgehen?

1. Lege die Holzplatte auf ein dichtes und kurz gemähtes Rasenstück! Lass sie ein paar Tage auf dem Rasen liegen!
Was kannst du feststellen?

2. Stülpe ein Trinkglas über ein Rasenstück, das du vorher gut gegossen hast! Lass das Glas ein paar Tage auf dem Rasen stehen!
Was kannst du feststellen?

Keimendes Getreide

Was du alles brauchst:
50 Getreidekörner einer Getreideart, Löschpapier, großer und kleiner Teller, Glasplatte, Wasser

Wie musst du vorgehen?

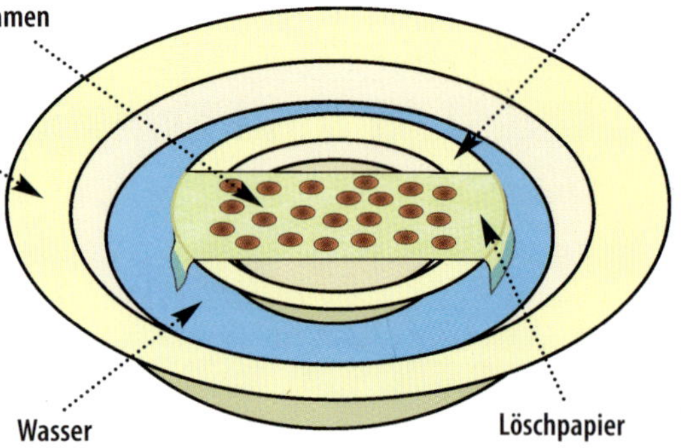

1. Wiege die Körner ab!
2. Lege die Getreidekörner einen Tag lang ins Wasser!
3. Wiege sie wieder ab!
4. Stelle den kleinen Teller in den großen! Dann fülle etwas Wasser in den großen Teller! Dabei darf kein Wasser in den kleinen Teller fließen.
5. Lege nun die gequollenen Getreidekörner auf das Löschpapier! Lege das Papier so in den kleinen Teller, dass es über den Rand in das Wasser hängt! Zum Schluss decke die Samen mit einer Glasplatte ab!

Stelle nun fest: Wie schwer waren die Körner ursprünglich? ____________________

Wie schwer sind die gequollenen Körner? ____________________

Wie lange dauert es, bis die Körner keimen? ____________________

Wie viele der Körner keimen tatsächlich? ____________________

Errechne nun den Prozentsatz der keimenden Körner! ____________________

Lies zuerst diese Spielanleitung genau durch! Dann schneide die Spielkarten und die Spielanleitung aus! Tipp: Wenn du die Möglichkeit dazu hast, foliere diese auch, denn dann halten sie länger!

Tabu SPIELANLEITUNG

ein Spiel für 4 oder mehr Spieler/innen

Material: Spielkarten, Sanduhr, Pfeife oder Hupe, Blatt Papier, Stift
Ziel des Spiels: Jene Mannschaft gewinnt, die die meisten Begriffe errät.
Spielregeln:

- Mische die Karten gut durch und lege sie auf einen Stapel!
- Dann bildet zwei Mannschaften und setzt euch gegenüber!
- Die Mannschaft, welche beginnt, schickt dich als Spieler/in zur Gegenseite.
- Ein Spieler/eine Spielerin der gegnerischen Mannschaft achtet mit der Sanduhr auf die Zeit, ein anderer/eine andere benutzt die Hupe oder Pfeife, um ein Signal abzugeben, wenn ein Fehler gemacht wird.
- Nimm nun die oberste Karte! Du musst den großgeschriebenen Begriff erklären, darfst aber die **TABU-WÖRTER**, die darunter stehen, nicht benutzen
- Deine Mannschaft kann, während du erklärst, Begriffe dazwischenrufen, von denen sie glaubt, dass sie richtig sind. Errät sie in der erlaubten Zeit den richtigen Begriff, gibt es einen Punkt. Für falsche Zwischenrufe gibt es keine Strafpunkte.
- Ist die Zeit noch nicht abgelaufen, nimm eine neue Karte und beginne wieder Hinweise zu geben! Für jeden richtig erratenen Begriff gibt es einen Punkt.
- Notiert die gesammelten Punkte auf einem Blatt Papier!

Wie kann man Punkte verlieren?
1. Benutzen eines Tabu-Wortes: Wenn du beim Erklären ein Tabu-Wort verwendest und die Hupe oder ein Pfiff ertönt, verliert deine Mannschaft einen Punkt.

2. Passen: Wenn du einen Begriff nicht erklären kannst und eine andere Karte wählst, wird ein Punkt abgezogen. Bedenke: Es könnte aber besser sein, bei einer Karte zu passen, anstatt eine Menge Zeit zu verlieren.

ASTEROID	ATMOSPHÄRE	BEUTELTIER
Gesteinsbrocken	Luft	Paläogen
Weltall	Hülle	Hauttaschen
Himmelskörper	Sauerstoff	Känguru
Dinosaurier	Gase	Australien

TABU
TABU
TABU

DARWIN

Charles
Evolution
Konkurrenz
Giraffen

DESTRUENTEN

Abbauer
umwandeln
Boden
Zersetzer

DIAMANT

Kohle
Mineral
Kohlenstoff
Edelstein

DINOSAURIER

Kreidezeit
aussterben
riesig
Monster

ERBSE

grün
Gemüse
Hülsenfrucht
Pflanze

ERDE

Planet
Heimat
Welt
Menschen

ERDKRÖTE

Lurch
Winterruhe
Nutzgarten
braun

EVOLUTION

Darwin
Aussehen
verändern
Fossilien

FOSSIL

Ammonit
Gestein
Eiszeit
früheres Leben

TABU
TABU
TABU
TABU
TABU
TABU
TABU
TABU
TABU

GEOLOGIE

Wissenschaft
Rohstoffe
Erde
Gesteinsschichten

GETREIDE

Anbau
Weizen
Hafer
Brot

HEU

Gras
getrocknet
Wiese
Mahd

HECKE

Lebensraum
Sträucher
Mantel
Igel

HUMUS

Boden
Schicht
Erde
abgestorben

KARTOFFEL

Hackfrucht
Knollen
Erde
Pommes frites

HOMO SAPIENS

heutiger Mensch
Neogen
vernunftbegabt
Feuer

JURA

Erdmittelalter
Periode
Mammutbaum
Saurier

LAVA

Magma
Vulkane
flüssig
Erde

TABU

TABU

TABU

TABU

TABU

TABU

TABU

TABU

TABU

LÖWENZAHN	**MAIS**	**MAMMUT**
Pflanze	Getreide	Quartär
gelb	Kolumbus	Elefant
Korbblütler	Popcorn	Fell
Wiese	Biodiesel	Eiszeit
NAUTILUS	**NUTZTIER**	**ÖKOSYSTEM**
Kopffüßer	Bauernhof	Pflanzen
lebend	Viehzucht	belebt
Ammonit	Fleisch	Natur
Erdaltertum	Nahrung	Tiere
OREGANO	**PESTIZIDE**	**PRIMATEN**
Küchenkraut	Schädlinge	Mensch
Gewürz	Unkraut	Tiergruppe
Pflanze	Giftstoff	Affen
Pasta asciutta	Spritzmittel	Afrika

TABU

TABU

TABU

TABU

TABU

TABU

TABU

TABU

TABU

Weißt du noch …

Schmetterlingsrätsel – Beantworte die Fragen und überprüfe so dein Wissen!

waagrecht:

9. Mineralgemenge mit so hohem Metallgehalt, dass sich sein Abbau lohnt
11. Diese Periode nennt man auch das Steinkohlezeitalter.
12. Gesteinsuntergrund, aus dem der Boden entstanden ist
13. Abgestorbene Teile von Lebewesen werden zersetzt und bilden eine besondere Schicht.
15. Spuren frühen Lebens, die bis heute in Gesteinen erhalten sind
16. Aus ihren Kernen wird Öl gewonnen.
17. flüssiges Gestein im Erdinneren
19. Die Oberfläche des Gesteins wird verändert, es zerbricht oder löst sich auf. Wir sprechen von …
20. Sie sind die Grundbausteine von Gesteinen.

senkrecht:

1. kleine Teilchen, die sich durch die Schwerkraft in einer Flüssigkeit oder aus der Luft am Boden absetzen
2. Wie wird das Erdaltertum noch genannt?
3. Dort werden organische Abfälle aus Haus und Garten durch Kleinlebewesen zersetzt.
4. zusammenhängendes Gebiet, in dem jeweils hauptsächlich ein bestimmtes Gestein vorkommt (2 Wörter)
5. vom Menschen zur Heugewinnung genutzte Wiesen
6. Spanische Seeleute brachten sie im 16. Jh. nach Europa.
7. Vorgang, bei dem sich Lebewesen im Lauf der Erdgeschichte weiterentwickelt und ihr Aussehen verändert haben
8. Insekten mit Zangen am Hinterleib, die an ein Nadelöhr erinnern
10. Wohn- und/oder Nistplätze für Tiere, die entlang von Feldern wachsen
14. Es entstand vor etwa 16 Milliarden Jahren.
18. Er ist unser Nachbarplanet.

BILDQUELLEN:

AGRANA: 115/3

Agrarmarkt Austria Marketing GesmbH: 145/1, 145/2

Alexander Elman / 123rf.com: 39/7

ANIMATE4.COM / Science Photo Library / picturedesk.com: 23/5

BARBARA STRNADOVA / PhotoResearchers / picturedesk.com: 22/1

Bedrock Studios / Dorling Kindersley: 40/3

Bernardo Gonzalez Riga / EPA / picturedesk.com: 11/6

blickwinkel.de / Hecker/Sauer: 61/10

Brigitta Hellerschmidt: 12/1, 12/4, 14/3, 14/5, 41/1, 41/2, 45/1, 45/2, 45/3, 45/4, 46/1, 46/2, 46/6, 46/7, 46/8, 46/9, 46/10, 46/11, 47/1, 47/2, 47/3, 47/4, 48/1, 48/3, 49/2, 49/3, 49/4, 49/5, 49/6, 49/7, 51/1, 51/3, 51/4, 52/2, 52/3, 53/1, 53/4, 54/2, 54/3, 54/5, 56/1, 56/2, 56/3, 56/5, 56/7, 57/1, 57/3, 57/4, 57/5, 58/10, 58/11, 58/12, 58/13

Charles Brutlag / 123rf.com: 77/7, 98/2

Christian Monyk: 7/2, 16/1, 17/3, 21/1, 22/2, 25/5, 25/6, 26/1, 27/9, 29/1, 29/4, 30/1, 31/1, 33/1, 36/1, 38/2, 42/10, 48/4, 52/1, 53/2, 54/4, 64/7, 69/4, 69/5, 70/1, 73/1, 74/1, 74/2, 78/2, 80/1, 89/2, 92, 95/3, 96/4, 96/5, 99, 106/3, 106/4, 119/2, 120/1, 121/1, 123, 128/1, 134/1, 135/2, 137/1, 144/3, 144/4, 145/4, 145/5, 147/2, 147/3, 148/3

Colin Rose / Dorling Kindersley: 15

Dan Wright / Dorling Kindersley: 35/1, 37/3

Dorling Kindersley: 21/3, 34/3, 35/2, 37/4, 39/4, 61/1

Enno Kleinert / Picture Alliance / picturedesk.com: 60/1

F. John, Tiere der Urwelt, 1902: 22/4

fotolia.com: Andrea Danti: 111/5; Axel Gutjahr: 112/4, 114/7; barantza: 86/4; Carola Schubbel: 111/8; Dani: 85/4, 87/1; jomare: 69/1; Martina Berg: 85/1; Michael Tieck: 130/3; Mirek Hejnicki: 42/8; Robert Mertl: 85/9; scarlet61: 85/2, 87/4; Teamarbeit: 107/2; Wolfgang Kruck: 86/1, 88/2

Giuliano Fornari / Dorling Kindersley: 39/3, 39/6

Heinrich Harder: 22/3, 26/8, 26/9, 26/10, 26/11

www.biolib.de: 101/5, 104

IFPAD / Interfoto / picturedesk.com: 17/1

istockphoto.com: fotoVoyager: 119/1, 120/2; Jamie Farrant: 111/7; Juliya Shumskaya: 102/10; Nancy Nehring: 111/3, 114/6; quan long: 12/6, 20/2; Ales Veluscek: 7/1

Jager / 123rf.com: 140/4

Jon Hughes/Bedrock Studios / Dorling Kindersley: 39/2

Josef Limberger: 76/1

Jupiterimages: 26/3, 49/1, 50/2, 50/3, 50/4

Kinderleicht Wissen Verlag: 76/3, 79/4

LEON NEAL / AFP / picturedesk.com: 29/3

Mark Hallett Paleoart / PhotoResearchers / picturedesk.com: 22/6

MAURICIO ANTON / Science Photo Library / picturedesk.com: 40/2

McRae Books Srl: 28/1

NASA: 24/3, 51/2, 56/4

NASA/ESA/ASU/J.Hester & A.Loll: 5/3

NASA/JPL-Caltech: 5/2, 5/4

NASA/Kepler Mission/Dana Berry: 6/2

National Oceanic and Atmospheric Administration: 8/1

NOAO/AURA/NSF/G.Jacoby, B.Bohannan & M.Hanna: 5/1

Otto Ehrmann: 68/1, 72/1

photos.com: 18/1, 19, 20/4, 26/2, 26/4, 30/2, 36/3, 43/4, 43/11, 43/12, 48/2, 61/4, 61/6, 62/1, 63/3, 64/2, 64/4, 66/3, 70/2, 72/3, 85/10, 87/6, 87/8, 91/8, 102/1, 107/3, 110/4, 119/6, 122/6, 125/4, 127/3, 128/2, 131/4, 135/1, 137/8;3268zauber: 122/5; Ablestock.com: 43/14, 110/3, 24/4; Achim Prill: 102/8; Adam Edwards: 119/4; Adam Gryko: 141/3; AGITA LEIMANE: 105/5; Alain Turgeon: 35/7; Alasdair Thomson: 148/1; Aleksandr Ugorenkov: 24/1; aleksandr-mansurov-ru: 89/1; Alexander Bryljaev: 100/3; alexander mychko: 120/4; Alexander Potapov: 95/5, 100/2; Alexander Raths 18/5; Alexander Reitter: 140/2; Alexander Walther: 91/1; Alie van der Velde-Baron: 129/8; Alina Pavlova: 95/9, 100/6; Anastasiya Zolotnitskaya: 97/5; Anatolii Tsekhmister: 137/6, 142/2, 144/2; Anatoliy Zavodskov: 112/3, 114/1; Anderson & Anderson: 131/2; Andreas Remiorz: 126/3; Andrei Kiselev: 42/2; Andrew Howe: 130/6; Angela Luchianiuc: 111/1, 114/3; Anja Jerin: 129/5; Anna Khomulo: 127/4; Anthony Rosenberg: 106/2; Arkadiusz Komski: 129/11; arlindo71: 58/9, 94/2, 134/4, 134/5; Audaxl: 129/1; Bas Kleinveld: 98/3, 98/4; BasieB: 105/7; Bob Ainsworth: 12/2, 14/2; Brian Swartz: 112/1; Calin Trifan-pop: 79/1; CCat82: 76/2; Charles Brutlag: 137/9; Chiya Li: 43/6; christian darkin: 23/2; Christina Hanck: 125/3; Ciaran Griffin: 43/1; Cindy Singleton: 102/9; Claudio Giovanni Colombo: 89/3; Comstock: 113/2; Connie T. Ballash: 137/4; Dan Breckwoldt: 68/6; Daniel Hughes: 136/1; Daniel Ivascu: 72/2; David Cannings-Bushell: 94/1; David P. Lewis: 26/7; DedMazay: 137/10; Delmas Lehman: 146/3; Denis Gladkiy: 42/7; Denis Pogostin: 125/6; Denys Prokofyev: 132/1, 132/2; Dianne Maire: 133/1; Dmitry Gool: 42/9; Dmitry Rukhlenko: 12/7; Don Bayley: 24/6; Douglas Allen: 100/13; Duran Kostic: 102/2, 112/2; Elena Spevakova: 79/2; Epicture: 42/6; Eric Isselée: 25/3, 136/2, 137/7, 27/3, 35/10; Erik Reis: 147/1; Erik Zunec: 118/4; Eva Gruendemann: 116/4, 118/3; Evgenia Pogodina: 143/4; Evgeny Karandaev: 148/2; Eyewave: 133/6; Feng Yu: 113/5; franz pfluegl: 125/2, 127/1; Franz Schlögl: 63/1; Gabi Nagel: 75/3; Gevorg Gevorgyan: 138; Givaga: 43/2; goce risteski: 141/1; Grimgram: 71/1; Gßbor Kardos: 100/8; HAIBO BI: 28/2; Halina Przeszlo: 61/2, 66/1; Hallgerd: 122/1; Hemera Technologies: 100/14, 113/1, 24/2, 29/2; Henk Bentlage: 139/4; Henrik Larsson: 130/5; Hlem: 18/4; Iakov Filimonov: 103/1, 103/2; Igor Dutina: 133/7; ILYA AKINSHIN: 42/5, 43/13; Ingridsl: 107/7; Ionescu Bogdan Cristian: 42/1; Iuliia Burlachenko: 145/3; Ivaylo Ivanov: 134/3; jan middelveld: 116/1; Jan Sandvik: 129/4; Jivko Kazakov: 122/2; joanna wnuk: 108/4; John Foxx: 137/5; Jon Helgason: 43/9; Jordan McCullough: 109/2; Josef Muellek: 48/5; Joy Prescott: 91/4, 111/6; Jozsef Szasz-Fabian: 122/13; Julie de Leseleuc: 83/3; Jupiterimages: 35/5, 36/4, 37/1, 39/8, 98/1, 110/5, 119/5, 140/1, 140/3; kaili wu: 129/10; Kamil Karpiel: 147/5; Kari Høglund: 95/4, 100/1; Klaus Meindl: 91/6; Klimenko Aleksandr: 147/4; Konstantin Shevtsov : 36/5; laurent Renault: 131/1; Lee Walters: 129/6; Leonid Nyshko: 100/9; Leonid Shcheglov: 134/2; Leslie Banks: 133/2; Liane Matrisch: 116/6, 118/5; Lidian Neeleman: 137/3; Long Tran The: 95/8, 100/5; Ls9907: 84/1; Ludmila Smite: 91/9; Luis Carlos Jiménez del Río: 117/2, 117/3; Marcin Pawinski: 86/6; Marcus Lindström: 126/2; Marina Zlochin: 38/1; Mariusz Niedzwiedzki: 55; mark higgins: 27/1; Mark Vasey: 23/1; Markus Schieder: 75/1; Matauw: 90/6; MaxBaumann: 113/4; Maxim Tupikov: 125/5; Melody Kerchhoff: 107/5; Metin Cengiz Barış: 117/1; Michael Gray: 43/7; Michael Westhoff: 69/2; Michel de Nijs: 91/2; Mike Bentley: 108/1; NaCreative: 79/3; Natalia Lukiyanova: 65/2; Natallia Rasadka: 107/4; Nicolas McComber: 110/1; Nikolai Nilkens: 24/5; Norberto Budnikas: 61/5, 66/4; Norman Chan: 133/4; ODV: 9; Olaf Bender: 90/1; Oleksii Akhrimenko: 121/6; Olga Drabovich: 43/5; olga mirenska: 80/5, 96/2; Olga Nayashkova: 43/8; Olga Popova: 129/12; Oliver Hoffmann: 95/7, 100/4; Paul Hakimata: 35/9; Pawel Próchnicki: 102/3; Péter Gudella: 61/3, 66/2; Peter Nadolski: 110/2; Peter Polák: 50/1; photomaru : 102/4; Pialhovik: 66/5; Picsfive: 129/9; PressureUA: 114/8; rachel dewis: 119/3; Rachel Donahue: 113/3; Rafal Olechowski: 122/14; Richard Gunion: 75/4; RicoKödder: 105/4; Rob Bouwman: 141/2; Robert Kemp: 130/7; Roman Milert: 126/4; Ruslan Ivantsov: 35/3; Ryan Warnick: 6/1; Sander Huiberts: 25/1; Scott Orr: 12/3, 14/1; s-dmit: 148/6; Sergejs Nescereckis: 142/5; Sergey Galushko: 100/12; SergiyN: 37/5; Sharif El-Hamalawi: 142/1; Silvio Verrecchia: 116/5, 118/2; Smileus: 25/2; Solomin Andrey: 102/6; Steven Wynn: 31/2; Stockbyte: 6/3; Susan Gottberg: 112/7; Sven-Olaf Froehlich: 97/1; Sylwia Kachel: 42/3; Tatiana Shima: 129/13; taz-ufos: 42/4; Thinkstock Images: 107/6, 36/2; Thomas Peter: 35/4; Timurock: 131/3; Tom Brakefield: 105/1; UnknownUser: 48/6; Uros Petrovic: 137/2; Vaclav Mach: 100/10; Valentyn Volkov: 100/11; Valeriy Kirsanov: 130/1; Viacheslav Krisanov: 43/10; Viktoria Protsak: 95/6; VitAzslav Halamka: 68/5; Vladimir Davydov: 105/3; Volodymyr Krasyuk: 106/1; Votchitsev Viacheslav: 109/1; Weldon Schloneger: 139/1, 143/3; Yasonya: 133/5; Yen Teoh: 129/3; Yuriy Sukhovenko: 102/11; Zbynek Burival: 95/1; Zedcor Wholly Owned: 11/1, 13/5, 20/6

Peter Newrkla: 57/2, 58/1, 58/2, 58/3, 59/1, 59/2, 59/3, 59/4, 59/5, 62/2, 62/4, 67/1, 71/2, 75/2, 77/8, 77/9, 77/10, 78/1, 81/2, 81/3, 83/1, 83/2, 90/2, 90/3, 90/4, 93, 95/2, 103/1, 111/4, 115/2

picturedesk.com: 142/4, 144/1

pixelio.de: Andreas Kern: 122/4; Angelina Ströbel: 120/5; Bernd Sterzl: 61/8; Betty: 133/3; Essenia Deva: 85/8; Frank Hollenbach: 85/3, 87/2; Gabriele genannt Gabi Schoenemann: 112/6, 114/2; h.lunke: 122/10; Harald-KU: 122/3; Karl-Heinz Liebisch: 112/5, 114/5; kladu: 129/2; Luise: 122/9; Maren Beßler: 98/5; rolibi: 141/4; Susanne Schmich: 120/3; Ulrich Velten: 85/7, 87/5

Rob Shone / Dorling Kindersley: 65/1

ROGER HARRIS / Science Photo Library / picturedesk.com: 23/4

Roger Key / Buglife: 62/5

shutterstock.com: charles taylor: 139/3, 143/2; Julie Fine: 35/6, 37/2; Pakhnyushcha: 63/2; Susi: 95/10, 100/7; Sveta San: 139/2, 143/1; Tongdang: 63/4

Simone End / Dorling Kindersley: 11/2, 11/3, 11/4, 11/5, 13/1, 13/2, 13/3, 13/4

Susan Kargut / Picture Alliance / picturedesk.com: 21/2

Tessloff Verlag, Nürnberg, 2004: Hynes, Tessloffs erstes Buch der Urmenschen: 34/1, 34/2, 34/4, 34/5

United States Fish and Wildlife Service: 26/6

Vier Pfoten: 145/6, 145/7

WALLRATH,MICHAEL / Action Press / picturedesk.com: 135/3

WALTER MYERS / Science Photo Library / picturedesk.com: 6/4

wikimedia commons: 14/6, 27/2, 31/3, 33/2, 47/6, 60/2, 70/3, 76/6, 77/1, 77/2, 77/4, 96/3, 108/6, 136/3, 142/3; 4028mdk09: 105/6, 115/1, 116/2, 118/1; Aalang: 97/4; Adam Opiola: 64/6, 130/4; Alan D. Wilson: 27/7; Alvesgaspar: 108/5; Amanda44: 107/1; Andreas Gärtner: 73/3; Andreas Trepte, www.photo-natur.de: 121/3; Anonym: 122/12; Arctanx: 58/6; Arnstein Ronning: 121/2; Artur Mikołajewski: 121/4; Beentree: 86/2; Ben2: 12/5, 14/4; Bernd Haynold: 82/1, 82/2, 82/3, 84/2, 84/4, 84/6; Björn Schulz: 121/7; Carsten Niehaus: 81/4; Charles R. Knight: 18/3, 20/3; Christoph P. E. Zollikofer: 40/4; Clive A. Edwards, The Ohio State University, Columbus: 63/4; Cody Pope: 27/6; Coyote IV: 126/1; Daniel J. Layton: 84/3; Dantheman9758: 40/1; Dimitry Bogdanov: 39/1; dmitrchel@mail.ru: 17/2, 20/1; Dmitry Bogdanov: 25/4; Dodoni: 86/5, 87/7; Donna: 101/2; Dr. K.A.I.Nekaris: 35/8; Elke Freese: 87/3; Elke Wetzig: 97/6; Enrico Blasutto: 76/8; Fir0002: 27/8; Fitzelblitz: 76/4; Forest & Kim Starr: 76/7; Frank Vincentz: 122/8; Franz Jaeger: 91/5; Fristu: 73/2; Fritz Geller-Grimm: 64/1, 64/3; Gerald Senarclens de Grancy: 54/1, 56/6; Guido Gerding: 76/5; H. Zell: 81/1, 90/5, 101/4, 102/7, 108/3, 111/2, 114/4, 116/3, 129/7; H.-J. Sydow: 91/3; Hans Hillewaert: 82/4, 84/5, 122/7; Hugo.arg: 77/3; J. Baecker: 17/4, 20/5; James K. Lindsey: 80/2; Jo Weber: 41/3; Joachim Müllerchen: 70/4; Jörg Hempel: 82/6, 84/7; Karl Stüber: 102/5; Keven Law: 121/5; Kristian Peters: 77/5; Kurt Kulac: 108/2; Liuthalas: 85/5; Mariana Ruiz Villarreal: 22/5; Mark A. Wilson: 47/5; Memecry2: 45/5; Mnolf: 62/3; Muscari: 58/8; NASA: 16/2; Nils E.: 81/5; Nobu Tamura: 23/3, 39/5; Opioła Jerzy: 26/5; Patrick Coin: 130/2, 132/3; Pavel Krok: 58/5; Pendragon: 91/7; Petr Filippov: 80/3, 80/4; Rainer Haessner: 129/14; Rasbak: 96/1, 97/2, 98/6; Rob Lavinsky: 73/5; Roberto Zanon: 85/6; S.E. Thorpe: 58/7; Sannse: 122/11; Simon Eugster: 46/4; Snowyowls: 88/1; Stefan Heinrich: 27/5; Sten Porse: 125/1, 127/2; Surachit: 8/2; TheAlphaWolf: 61/7; Thomas Mathis: 77/6; Tomasz Kuran: 53/3; U. Burkhardt: 58/4; United States Department of Agriculture: 146/1, 146/2; Unterillertaler: 82/5; USDA/ARS: 101/3; Vassil: 136/4; Vzb83: 18/2; Walter J. Pilsak: 46/3, 46/5; Wayne McLean: 27/4; Woudloper: 7/3; Ziegentom (www.fotocommunity.de): 86/3

Zuckerfabriken Aarberg und Frauenfeld AG: 115/4, 115/5